東大現役學霸的讀書計畫制定法

設定目標、擬定策略、確定方法、

規劃時程，學會東大式的正確用功法

相生昌悟／著

劉宸瑀、高詹燦／譯

量表

論										小理想
	8	10	12	14	16	18	20	22	24	小現況
法論										
e	8	10	12	14	16	18	20	22	24	小現況
方法論										
三 Wed	8	10	12	14	16	18	20	22	24	小現況
小方法論										
四 Thu	8	10	12	14	16	18	20	22	24	小現況
小方法論										
五 Fri	8	10	12	14	16	18	20	22	24	小現況
小方法論										
六 Sat	8	10	12	14	16	18	20	22	24	小現況
小方法論										
日 Sun	8	10	12	14	16	18	20	22	24	小現況
小方法論										
MEMO										中現況

裁切線

裁切線

月計畫表

大理想 →	中理想 →	大方法論

小理想 →	中方法論							
小理想 →	中方法論	29	30	1	2	3	4	5
小理想 →	中方法論	6	7	8	9	10	11	12
小理想 →	中方法論	13	14	15	16	17	18	19 →
小理想 →	中方法論	20	21	22	23	24	25	26 → 中現況
小理想 →	中方法論	27	28	29	30	31	1	2 → 中現況

MEMO	大現況

下個月→

能夠實現目標的人
是誰？

我想實現目標！
為此只有
努力一途!!

我目前的現狀是○○，
可以將理想設為△△，
因此只要能掌握
連繫兩者的□□方法，
似乎就能達成
我的目標了。

各位覺得是誰呢？

我想很多人都會認為：

「一定是B先生能實現目標。」

但是，現實中的情況又是如何呢？

在日復一日的生活中，到底有多少人可以像B先生那樣思考，

然後伸手抓住自己所描繪的目標呢？

說了這種話，

或許會讓人擔心偷雞不著蝕把米※註，

不過請各位放心。

※註：粵語「偷雞唔成蝕渣米」。

現在手裡拿著這本書的你們，
就算不像B先生那樣思考
也不無道理。
畢竟，誰也不曾學過
達成目標的「模式」。

那，這個模式究竟是什麼？
我們應該望向什麼？以哪裡為目標？
又該怎麼做，才能獲得自己想要的結果？
答案就在這本書裡。
接下來，就讓我們一起找尋解開這個答案的鑰匙吧！

序言

「明明很努力，卻得不到成效……」

我是為有這種煩惱的人寫下這本書的。

這本《東大現役學霸的讀書計畫制定法》，會告訴各位無論是誰在努力後都能收獲成果的方法。

那麼，先跟各位說聲抱歉，不好意思這麼晚才自我介紹。

我是現在正就讀日本東京大學二年級的學生（2020年時）。

我在就讀地方的公立高中時，奪下了東京大學入學模擬考的榜首，之後以應屆考生的身分考上了東大。

這麼一說，大家可能會有「東大生？」、「還是榜首!?」這種好像很厲害的印象。不過，其實我以前原本是個就算用功讀書，也沒辦法獲得理想成果的人。再怎麼努力成績也無法提升，再怎麼認真學習也沒辦法把事情做好……我曾有過無數次這樣的經驗，不斷重複失敗。

然而，這樣的我在費了一番工夫——也就是轉換成這本書中所說的「目標達成型思維」之後，努力開始有了結果。

「努力就會有回報」是真的嗎？

不曉得各位在擁有想達成的目標時，會將注意力放在什麼地方去努力呢？話說回來，各位在努力時，有沒有意識到某些事呢？

說不定，各位就像過去的我一樣，現在所做的都是很難取得成果的事情。

那是我在某間補習班打工時的事了，當時有位補習班的學生跑來找我商量：

「我明明每天花好幾個小時在讀書，成績卻都沒有起色……我好煩惱，到底是哪裡出了問題？」

他在補習班裡算是比較認真的學生，是那種每天孜孜不倦、勤奮努力的類型。

當時我聽了他的煩惱後，試著問了這個問題：

「你在讀書時，會一邊思考自己有什麼樣的課題，以及想成為怎樣的人嗎？」

這麼問完，他有點驚訝地回答：

「沒有耶，我只有做學校給的題庫而已。」

沒錯，他什麼也沒想，就只是一直在努力而已。

一般來說，大多數的人都認為結果之所以會產生差距，是因為「努力的程度本身有差」。我以前也是這麼想的。而且努力的程度是很大的因素，這也是事實。

不過，努力的程度並不是左右結果的唯一要素。

單聽這位學生的發言，他已經付出了相當多的時間在努力。儘管如此成績卻依然毫無進展，我覺得這難道不正是因為「他從未考慮過努力的方法是否恰當嗎？」。

俗話說「努力就會有回報」，這句話成了世上許多人的心靈寄託。然而，這句話本身真的是正確的嗎？

請各位試著想像一下。放眼當今世上，「努力能得到回報的人」跟「努力卻得不到回報的人」，到底哪種人比較多呢？

儘管是個殘酷的事實，但「努力卻得不到回報的人」明顯多出許多。

當然，努力之所以會得不到回報，有時原因也可能是自己無論如何也改變不了的事實，例如是別人的問題或是社會結構的問題所致。但與此同時，問題出在自己身上的情況也不在少數。

換言之，把「努力就會有回報」這句話照單全收，一味地埋頭努力是很危險的事。

僅僅安排時程計畫不行嗎？

「才不是，我努力時都有好好思考過喔！」

讀到這裡，應該也有人會這麼想吧。

可是，那個「思考」也很可能並不恰當。

關於這一點，就來看看我高中時代的例子吧。

我所就讀的高中每年都有十幾名學生報考東大，我高三時也是如此。不算實際參加考試的人數，而是以最初以東大為志願的人數，以及如果可以升學的話想去東大的人數來說，大概有將近一百個人上下吧。但是包括我在內，應屆考上東大的只有三個人。這就是現實。

在我看來，他們明顯都有在努力，每天用功讀書十個小時以上的人很常見，而且也有人作業全都好好完成，上課也很認真聽講。就連仔細思考並規劃讀書計畫表後再努力的人也很多。然而正如前面所述，這些人當中應屆考上東大的只有三個人而已。

那麼，他們的讀書計畫上寫了哪些內容呢？大致如下：

「考上東京大學。」
「用一個月背三遍單字卡。」
「做完一遍數學評量。」

對於這樣的規劃，各位覺得如何呢？

「這計畫也不糟啊？」
「我也是這樣努力的。」
「我覺得這有好好思考並努力唸書。」

這麼想的大家，其實這正是問題所在。

光想是不會有成果的，各位必須理解這一點。

如果沒有好好建立策略，並且將其落實為一種能夠實踐的模式，你的努力永遠不會開花結果。

講難聽點，像上述例子這樣什麼也沒想就在努力的人，以及雖然有思考過再努力，但思考方式卻不恰當的人，其實「**在還沒開始比賽前就已經輸了**」。

魯莽的努力和未基於正確想法的努力，很容易會導致失敗。相反地，只要用正確的方式努力，或許就能帶來事半功倍的效果。

是的，錯誤的努力不會有結果。

因此，從現在開始，我們要用正確的方式努力。徹底杜絕在競爭中成為失敗者的可能性，以壓倒性的優勢成為贏家。本書就是一本幫助各位成功達成目標的書。

「目標達成型思維」裡的兩大關鍵字

接下來我將透過本書與各位分享「目標達成型思維」，讓各位能以正確的方式努力。要理解這種目標達成型思維，有兩個很重要的關鍵字。

第一個是「策略」，第二個則是「記事本」。

策略是「**在努力時應該要意識到什麼**」的意思。**而將其以時間序列的方式打造成足以付諸實踐的模樣的**，就是記事本（行事曆／schedule book）。

也就是說，透過記事本，將取得成果的最佳化策略落實成可實現的方式，並以這種方式為基礎來努力，就能得到自己期望的結果。

而且我認為，成功的人或多或少都有這種目標達成型思維，並不只限於東大學生而已。從現在開始，我想向各位介紹這種對能力好或是可以交出成果的人來說很理所當然的思維。

事實上，大部分東大學生在讀書的同時，都在思考跟本書所介紹的目標達成型思維類似的事。此外，至今為止我所認識的社會成功人士，也都在運用類似的思考方式。

但是，就算對那些「做得到的人」來說很正常，對「尚且做不到的人」來說卻並非天經地義。

可能很少人會在學習時意識到本書這次所要傳達的東西，而且說不定有很多人只是因為不曾學過這種概念，才會像過去的我一樣處於「做不到」的那一方。

有鑑於此，我決定要寫下這本書。

「目標達成型思維」是在現代社會存活的必要條件

「目標達成型思維是東大學生想出來的，所以應該是一種應考策略吧？」

應該也有人這樣想吧。的確，目標達成型思維是我在當考生時創造出來的技巧。不過，我相信社會人士應該也能運用到這種思維。

如今，「學習」不再只是學生的專利，愈來愈多人認為在邁入社會之後，也應當繼續學習下去。

舉例來說，決定「重新開始學習」的社會人士近年有增加的趨勢。搞不好現在正在讀這本書的人之中，也有人是一邊想著「雖說我是上班族，但不曉得有沒有對我有幫助的重點」，一邊翻閱的。

以前很少有這種情況，我想當時腦中想著「總之先工作就是了！」的人應該很多吧。相對於此，感覺現在出社會的人們愈來愈有這種「不學習不行」的危機意識。

若講得嚴厲一點，可以說「**在變化劇烈的現代社會中，不勤奮向學的人可能會逐漸被淘汰，成為整個社會的累贅**」。

目前ＡＩ人工智慧（人工智能）已然崛起，據說十年後，大多數人類的工作都有可能被ＡＩ人工智慧所取代。即使是那些在過去擁有勝利公式的領域，其勝利公式也將逐漸失效，這個社會將成為一個無法應對變化就活不下來的世界。

雖然講得好像很厲害，但其實我也無法置身事外。大考結束並不代表以後不讀書就能活得下去，相反地，接下來才更應該用功才是。

那麼，假如每個人都開始帶著這樣的意識學習的話，會變成什麼樣子呢？毫無疑問，現代社會是一個以自我責任感為原則的競爭社會，所以單純學習卻不能獲得收穫是沒有任何意義的。

認真來說，我們該在意的不應該是學習這件事對我們有沒有用，而是應該在所學的事物以及學習的過程中思考，從中找到樂趣，這才是最重要的。我認為這才是學習本身該有的態度。

不過，現實生活中卻很難做到這一點。在他人眼中看來，沒有取得成果就等於什麼都沒學到。換言之，要在當今社會上活得更好、變成自己理想中的模樣，學習是理所當然的事，而且只有學習是不夠的。

因此，我們必須藉由目標達成型思維來考量正確的努力方式，這不管對學生還是社會人士來說都一樣。

在這裡，有件事希望各位先想一想，那就是——學習究竟是什麼？

大家在聽到「學習」這個詞時，腦海裡會浮現什麼呢？

恐怕大部分的人想到的都是「國語」、「數學」、「英文」等科目，或者是「經濟學」、「政治學」、「生物學」之類的學科。

然而事實上，學習不只是指這些東西而已。

比如我接下來會提到的目標達成型思維，用另一個角度來看也是一種學習。無論是學數學以連繫將來的夢想，還是閱讀本書將其運用在明天開始的人生裡頭，兩者本質上都是同樣的。

總而言之，任何「有助於自我成長的活動」都可以說是學習的一種。

我很希望這本書所撰寫的內容可以讓各位應用在這種廣義上的學習之中。換句話說，我期盼這套方法在活用於鑽研數學或背英文單字的同時，也能在邁向未來的活動上發揮作用。沒錯，目標達成型思維也能夠運用在備考以外的事情上。

接著，在聊過這個有關學習的話題後，我希望各位可以思考一下。

自己原本打算要學的事物，真的是自己想學的東西嗎？如果透過學習達成了自己想實現的目標，真的就能變成自己期望的樣子嗎？

「這明明是一本講策略跟記事本的書，為什麼要問這種問題？」

「這對制定行事曆來說很重要嗎？」

也許各位會這麼想吧，不過這是在接觸目標達成型思維之前最該考慮、同時也是最重要的事。

學習並非目標本身。學習是一種「實現目標並成為自己期望的模樣的手段」。那些做了也沒意義的事、自己沒興趣的事，以及無法讓自己成為理想中的自己的事，都不能算是學習。

正因如此，在實行這種名為目標達成型思維的手段時，不可或缺的是必須擁有一個

「理想中的自己」的目標。簡單來說，在沒有目標的狀態下，即使實行目標達成型思維也沒有任何意義。

所以在實行這個目標達成型思維前，請各位先想想看：「在日常生活中，自己真正想學的東西是什麼？而想藉此成為的自己又是什麼模樣？」

說了這麼多，其實在這篇序言中我最想傳達給各位的，是努力有所成效或毫無效果的差異，就在於「能否基於正確的策略來努力」。

努力沒有開花結果的原因並非努力程度的多寡，也不是運氣問題，單單只是「不曾設法讓努力確實轉換成成果」罷了。這真的是很細微的一點差異，我是這麼覺得的。

而且我相信，今後時代的勝利者，正是那些可以注意到這個差異，並且用正確的方式學習的人。

正如開頭所述，我曾經是一名「不優秀」、「無法基於正確的思考來努力」的人。過去魯莽冒失、什麼也不想就埋頭努力的我，曾為無法取得成果而痛苦。我不想讓各位也步上我的後塵。

如果讀了這本書的讀者能比以前更能將「努力」轉化為「結果」，那便是我的榮幸。

相生昌悟

東大現役學霸的讀書計畫制定法　目錄

PART

「目標達成型思維」是什麼？

PART 1

「策略」篇

SECTION1

SECTION 2

SECTION 3 關於建構方法論

PART

「記事本」篇

PART 0

「目標達成型思維」是什麼？

——終結「明明努力了卻沒有結果」——

首先，在PART0裡，我們先來說明一下什麼是「目標達成型思維」。

簡單來講，目標達成型思維就是一種「在『學習』這種競爭中勝出的思考方式」。所謂「不輸在起跑線」，反過來說便是「贏在起跑點線前」，用這種方式來思考或許會更容易理解一點。

順便一提，這裡所說的「贏」，不只有勝過他人的意思在，也有「戰勝過去未曾實行這種思考方式的自己」的意思。

而且，正如我在〈序言〉裡所說的，目標達成型思維有兩個重點。

第一個是「策略」。

本書提到的策略，指的是「努力的方法」。

用剛才的話來說，就是指「在努力的時候應該意識到什麼」，而這套策略由以下三大核心所組成：

・分析現況
・掌握理想
・建構方法論

乍看之下好像很難理解，不過簡單說來其各自的意義如下：

分析現況：根據過去的狀況，分析自己目前的現況如何。
掌握理想：對於自己今後想成為怎樣的人有所把握。
建構方法論：決定自己具體應該做些什麼。

本書所提及的策略以這三點為主軸，一切都以這三點為基礎來運作。不過無論是「分析現況」、「掌握理想」還是「建構方法論」都很抽象，只看這三件事是沒辦法實際付諸行動的。

這時就需要第二項重點——「記事本」了。

能否實踐一件事，取決於是否擁有清楚的時間觀念。

因此，一本囊括了與我們日常生活密切相關的時間單位（年、月、週、日……）的記事本，將對實行上述策略有很大的助益。

具體來說，就是將大、中、小三種概念分別引入分析現況、掌握理想和建構方法論裡頭，並將其落實成可實踐的形式。這個大、中、小的部分可以套用在一年或一週這些時間單位上。

理解我們前面所提到的策略與記事本是這本書的核心，因此我會再詳細解釋一番。

各位有沒有用過導航系統呢？如果沒車的人，也可以用電車的轉乘指南為例。不管是利用哪種交通工具，在打算前往某處時，我們都必須經由以下三大步驟來斟酌路線。

首先是輸入目的地。

如果想前往富士山，就輸入「富士山」，想去東京車站，便輸入「東京車站」，我們一定會像這樣決定目的地對吧？

這時要是沒有目的地就哪裡也去不了。正常來說，不可能會有想著「哎……總之我先在這附近隨便走走看看」然後就在不知不覺間登頂富士山的好事出現。若想登頂富士山，就必須具體指定目的地為「富士山頂」才行。

接著是輸入當前的位置。

人在札幌車站的話就輸入「札幌車站」，人在大阪車站就輸入「大阪車站」，我想各位應該會像這樣輸入自身的所在地。要是不曉得自己現在在哪裡，那不論是想前往何處，也都無法知道該如何前進。即使有了一個名為東京的目的地，假如目前所在地在札幌的話就必須往南走，在大阪的話則必須往東走，像這樣，隨著目前的所在地不同，之後該前進的方向也會大幅改變。

最後是規劃路線。

在輸入完當前位置和目的地之後，我們必須考量哪一條路線對自己而言，才是從當前位置到目的地的最佳路線。在實際踏上旅途以前，不得不先考慮一下「哪一條路距離最短？」、「花費最便宜的路線是哪條？」、「比較不容易塞車或人擠人的路線是哪條？」等問題。

這三個步驟，就是目標達成型思維的策略。

- **分析現況指的是知道「自己目前的所在地」。**
- **掌握理想指的是明白「自己今後想去哪裡」。**
- **建構方法論指的是規劃「兩地間的路線」。**

但光是這樣還不夠。之所以會這麼說，是因為在實際前往目的地時可能會遇到下列這些問題：

「搞不好道路封閉了……」

了解目標達成型思維的策略

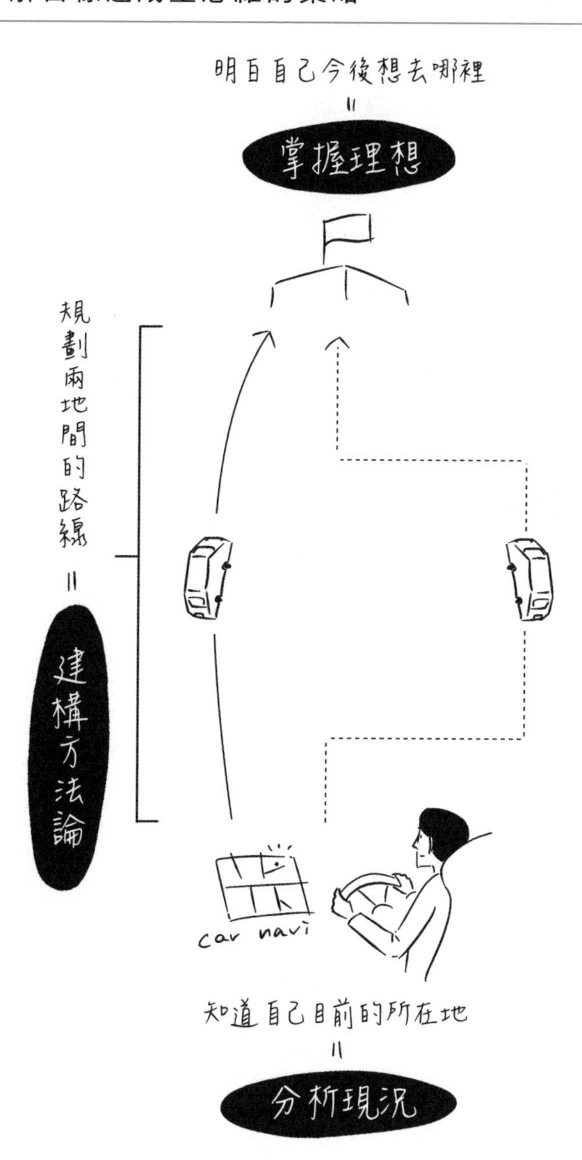

「會不會有一條全新的路可走？」
「或許應該稍微調整一下目的地。」
「當前位置說不定跟我想的不一樣。」

為了解決這些問題，我們必須邊走邊修正我們的當前位置、目的地和路線，而要做到這件事的話，僅僅憑藉策略是不夠的。

那麼我們該怎麼做才好？這時就是記事本該上場的時候了。運用記事本將策略分成一個月、一週或一天的時間單位來思考，便能進行回顧和調整。

人們看待事物有兩種方式：宏觀與微觀。

這兩種視角都不可或缺，最好的例子就是拼圖遊戲。也許不用我解釋，這是一種將細小的零件一個個拼起來，以完成一幅巨大圖畫的遊戲。

在拼拼圖的時候，我們會先確認大框架——也就是最後終點的那一幅畫。然後與此同時，也必須確認小框架——也就是每一片拼圖之間的聯繫。我們不會只看著一幅巨大的圖畫去拼出整個拼圖，也不會只盯著一片片小小的拼圖來拼。

同樣地，策略也必須分成大、中、小三種視角來建構。一邊從大局著手，確認「一年後想變成這樣！」，一邊從小處著眼，思考「一週後我想變成這樣」，這兩種視角都相當重要。

・策略的三大核心

・記事本的三大視角

把「策略（三大核心）」跟「記事本（三大視角）」組合起來，就完成由以下九項要素（3×3）為武器的「目標達成型思維」了。

①大現況分析：以這個月為基礎，分析自己當前的狀況。

②中現況分析：以這一週為基礎，分析自己當前的狀況。

③小現況分析：以這一天為基礎，分析自己當前的狀況。

④掌握大理想：掌握自己未來一年後想成為的模樣。

⑤掌握中理想：掌握自己未來一個月後想成為的模樣。

⑥掌握小理想：掌握自己未來一週後想成為的模樣。

⑦建構大方法論：決定這個月自己具體應該做些什麼。

⑧建構中方法論：決定這一週自己具體應該做些什麼。

⑨建構小方法論：決定這一天自己具體應該做些什麼。

這正是本書所提出的目標達成型思維之樣貌。

組成目標達成型思維的九項要素

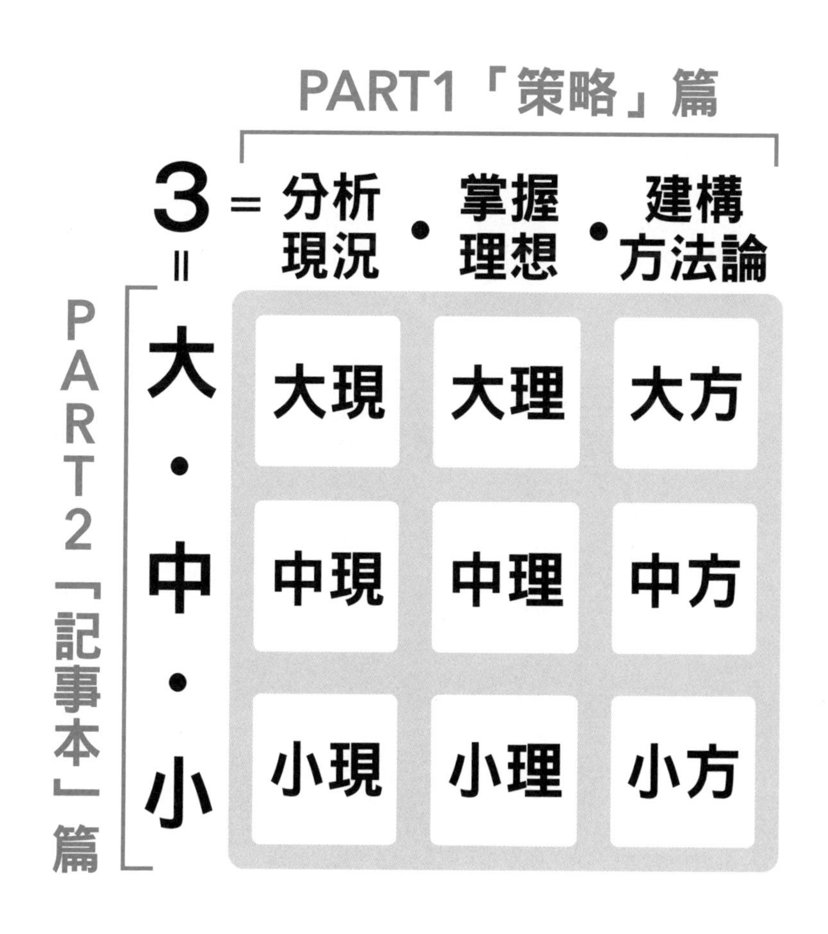

那麼接下來我會用PART1的「策略」篇和PART2的「記事本」篇，更加詳細地說明目標達成型思維該如何運用。

PART 1

「策略」篇

——取得可實現「達成目標」的關鍵鑰匙——

誰的
現況分析
是正確的？

東大模擬考
我完全沒考好。
已經沒有動力
繼續唸書了。

我在東大模擬考的成績判定是底標，
不過只差5分就是後標了。
從個別科目來看，國文跟社會是均標，
英文有拿到分數，
但數學的分數很差，偏差值很低。
我試著看了看數學考題，
發現自己好像很不擅長向量跟幾何圖形。
應該是基礎不太扎實的關係。
雖然現在距離目標還很遙遠，
但就去做我該做的事，一點一滴前進吧。

SECTION

1 關於分析現況

在「策略」篇裡，首先，我們會從分析現況開始講起。

俗話說「知己知彼，百戰不殆」，所謂「了解自己」與「了解敵人」一樣重要，甚至更重要許多。

那麼就開始進入正題吧。

何謂正確的分析現況？

先讓我們重新確認一下本篇開頭提過的兩位考生：

C先生：「東大模擬考我完全沒考好。已經沒有動力繼續唸書了。」

D先生：「我在東大模擬考的成績判定是底標，不過只差5分就是後標了。從個別科目來看，國文跟社會是均標，英文有拿到分數，但數學的分數很差，偏差值很低。我試著看了看數學考題，發現自己好像很不擅長向量跟幾何圖形。應該是基礎不太扎實的關係。雖然現在距離目標還很遙遠，但就去做我該做的事，一點一滴前進吧。」

看到這兩人時，你覺得哪一位更理想，哪一位才是你想成為的人呢？而你現在的情況又更接近誰呢？

我想，拿起這本書來看的你，一定抱持著「想成為D先生那樣的人」的理想。但是，應該也有很多人現在的情況更像C先生吧？

我們來簡單分析一下這兩人的狀況看看。

先談C先生。C先生在東大模擬考的成績似乎不太好，而且還因此失去讀書的動力。

說得稍微抽象一點，他只是感情用事地說「東大模擬考沒考好」，完全沒打算要好好掌握自己的真實情況。因為不想正視自己的失敗，所以才打算逃避考試。說得再客氣，也很難相信這樣的人會成功。

另一方面，D先生又是如何呢？他先是確認自己的成績，再分析自己離更高一級的成績標準有多遠。

再來，東大模擬考要看的科目是國文、數學、英文和社會，在這個大前提之下，他將模擬考的焦點聚集在這四科的問題上。接著，對於其中分數較低的數學，他依照不同題型範圍進行分析，成功發現自己不擅長的題型與原因。

雖然D先生說的話裡沒有提到，但相信他在其他科目上肯定也跟數學一樣，歸納出了問題的所在。

最後，他下定決心要好好審視自己，勇往直前。

「什麼嘛，這不是理所當然的事嗎！」搞不好也有些人會這樣想吧。不過就算腦袋裡這麼想，實際上像D先生那樣付諸行動的人卻意外地少。

說到底，若是可以好好實踐這個做法，那就不會在學習上遇到瓶頸了。之所以會在學習上遇到瓶頸，原因不是「完全沒有實踐這個做法」，不然就是「做得不夠充分」。

對努力結果患得患失的人將面臨失敗？

就如先前所述，所謂的分析現況，就是審視過去來分析自己現在的狀況，但有些人可能像接下來所說的這樣，誤解了這麼做的重點。

「知道自己的現況後，為此患得患失。」

就算不至於弄錯重點，但不禁會在潛意識中這麼想的人應該也不少。

可是，分析現況並不是這個意思。

這裡希望各位先記住一點，如果總是為結果動搖心緒、患得患失，便無法獲得令自己滿意的成績。

我覺得最容易使人患得患失的例子就是模擬考了，所以下面就用這個來舉例說明吧。

前面提到，我是從地方公立高中考上東京大學的。雖說那是我們當地最好的高中，但也不是說就讀同一所高中的所有學生成績都很好。

從升上高一到考完大考為止，我們其實有二十幾次的機會挑戰模擬考。每次考完，都會收到從頂標到底標等各種分數結果。

自高一到高三，不管什麼時期，人們都會因為模擬考發回來的成績而動搖。只要成績拿到底標便會心情低落，無法專心學習，這樣的人所在多有。

在這些人當中，有許多人的成績即使過了很長一段時間也沒辦法有所提升，最後沒考上自己的第一志願，或是選擇重考。

像這樣為自己努力的成果患得患失，很有可能會對自己未來的人生產生不好的影響。

這是當然的，畢竟自己一直拚命用功至今，若是事後回顧卻發現完全沒能做出成績來的話，會心情差也很正常。

相反地，要是自己的努力得到比預想還好的結果，心情一定會飛揚起來。只要是人就無法避免這樣的情緒變化。

有問題的是對於這種情感耿耿於懷，事過境遷後也依舊深受影響。說到底，分析現況只是要藉由過去自己的經驗，以充分活用在自己今後的努力上，而不是為了讓我們因結果而高興或消沉。假如一直對結果抱持著喜悅或氣餒的心情，那不管怎樣，人都會停下努力的腳步。

為了避免這種情況發生，在分析現況的時候，希望各位可以將懷抱這種情感的自己，和分析現況的自己分開思考。

若是能做到這一點，在分析現況時就不會受到自己的情緒影響，也能毫無偏頗地面對自己。

當然，我並不是要各位捨棄自身的感情。若是丟掉感情，那就只是個機器人罷了。不是要拋棄感情，而是在高興或悲傷的時候盡情沉浸在情緒裡頭，然後在分析真實的自己時暫時忘記那份情感，像這樣劃清界線是很重要的。

綜上所述，**分析現況並不意味著要對自己的努力成果患得患失。所謂的分析現況，其實是根據自己努力的結果掌握真正的自己，然後再靈活運用於未來上。**人們在聽聞「分析現況」這個詞時，往往會將其誤解為前者，或是在開始分析現況的階段不小心忘記後者，因此即使是那些覺得自己沒問題的人，也應當時刻留意這一點才是。

POINT — 分析現況並非對自己努力的結果患得患失。

眼前的問題太過龐大時，怎麼辦？

那麼接著便來聊聊「分析現況」的步驟，它一共分成三個階段。

至今為止都不曾分析過現況的人，恐怕在這世上幾乎沒幾位吧。

我想任何人一定都做過現況分析，在某種程度上知道自己處於什麼樣的位置，也明白真實的自己是什麼樣的人。

無論是在剛才講過的模擬考、小考（小測）還是日常生活當中，我們應該都曾分析過「這裡做得好」或「這裡做不好」。

事實上，我那些高中同學在模擬考成績發回來時，至少也會仔細確認過試卷的成績。可若要說單純確認成績就是充分分析過現況的話，那絕對是錯誤的想法。

那麼，要提高現況分析的品質，必須要先做什麼呢？

第一個答案是拆解需要進行現況分析的對象，盡可能將其分化成一個個小問題。

把大問題拆分成小問題

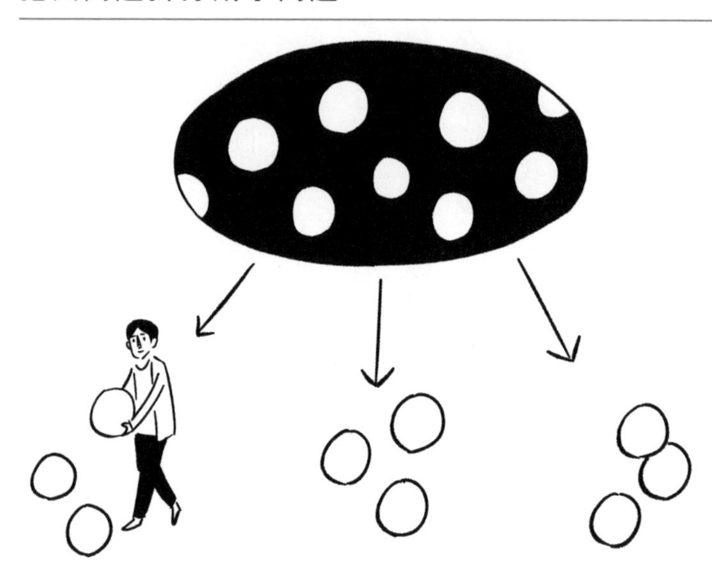

這就是前面D先生所做的事。

如果眼前的現況太過嚴峻、問題過於龐大的話，那不管是誰都會感到力不從心，覺得自己無能為力。

不過，從來沒有人規定一定要一口氣解決龐大的問題。不如說要一下子解決巨大的問題，本來就不是那麼容易的事情。

假如想爬上一百階的樓梯，只要每天爬一兩階就可以了。在這不斷前進的過程中，有時經常會不知不覺就爬完了五十階或一百階。

「積沙成塔，積少成多」這句話說

的正是這個道理。

當然，要是能一口氣爬完一百階樓梯是最好的結果，但這對任何人來說都是不太可能的事。

正因如此，我們才要盡量從細節看待問題，換句話說就是看著腳下一階一階的樓梯，一點一滴地往上爬。這時應該很少有人會去想「為什麼只能一階一階地爬」吧。

在分析現況時，也會運用類似上述的方式思考。也就是說，當需要分析的現況（問題）過於龐大時，應該先把注意力放在這個問題是由哪些要素組成的，然後盡己所能地逐漸拆分它。

舉例而言，像是前面講到的模擬考或小考，就拆成各個學科的問題，學科問題再分解成題型範圍的問題，而題型範圍的問題又可以再拆分為基礎、應用和進階等層級問題。

面對演講不順利這樣的問題時，則要把它拆解為自身的問題跟自身以外的問題（周圍的人、環境等）兩大方面。接著在自身的問題上，可分成說話技巧、演講內容、傳達內容的鋪陳順序等問題。針對自身以外的問題，可拆成自己能應對的問題跟自己無法解決的問

拆解模擬考問題

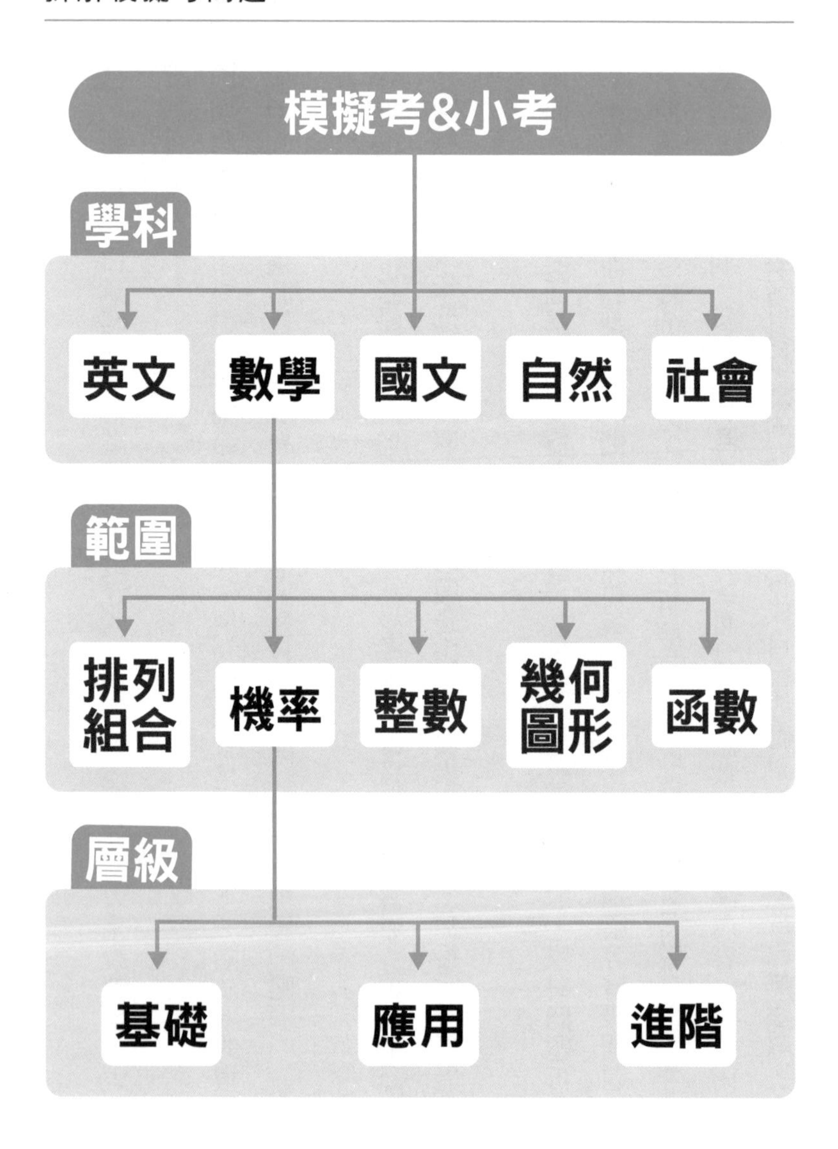

題……像這樣將問題逐漸細化。

不斷進行這個動作，**將一開始看似無計可施的問題慢慢變成小問題的集合體**。如此一來，便能把自己帶到只需一一應付那些小問題就好的局面中。這與前述的樓梯範例是一樣的結構。

因為拆解前的大問題與拆解後的小問題集合體是相同的東西，所以處理前者跟處理後者可說是一樣的。

令人束手無策、一籌莫展的前者，以及身為問題的集合體卻感覺多少能夠應付的後者，到底選擇面對哪一方才是明智之舉，想必不言而喻。

聽到這裡，或許各位之中也有人想問「要拆分細化到什麼程度才行？」吧。關於這一點，我的答案是——只管埋頭拆解，直到問題小到讓自己覺得好像能解決為止。

說到底，這不過是我的經驗談，但如果非得講出一個特定次數的話，就會像豐田汽車所提倡的「五問分析法」那樣，只要重複分解問題五次，基本上問題就會小到讓人覺得什

拆解演講問題

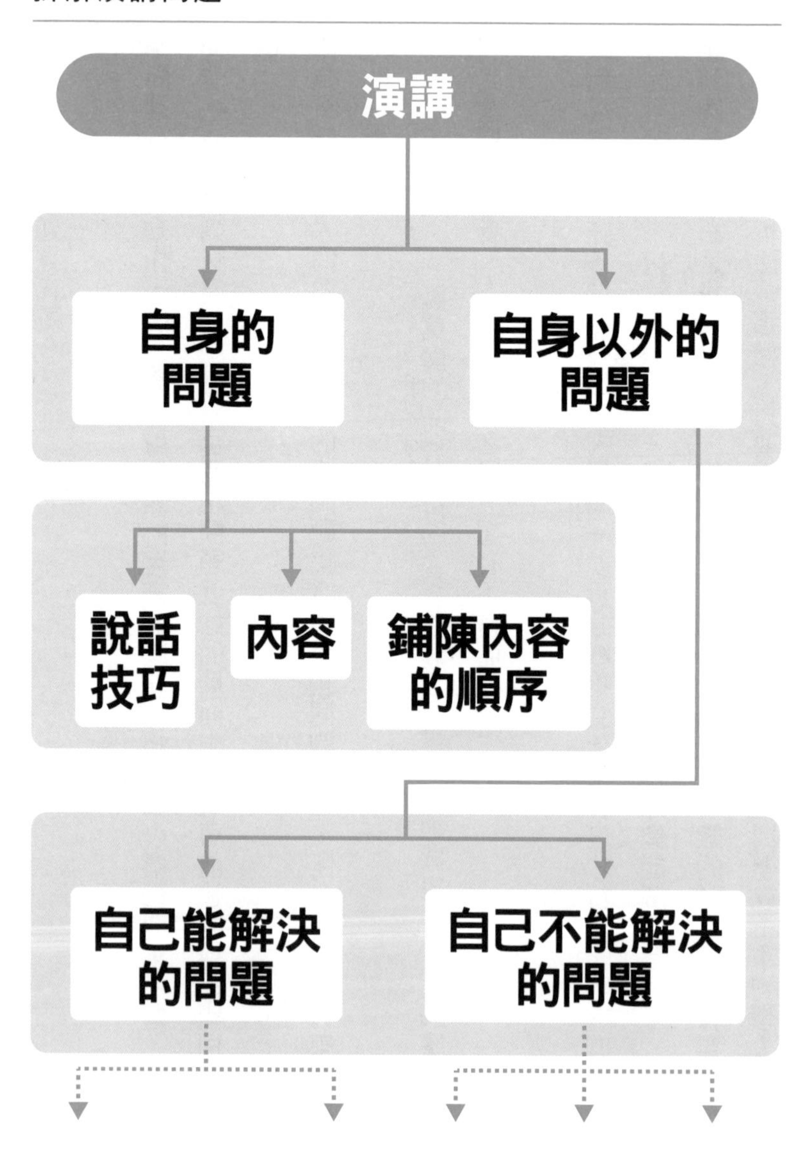

麼都可以解決的程度。

話雖如此，但最重要的不是拆解問題的次數，而是自己能不能解決問題。

在分析現況的時候，像這樣有意識地拆分問題，對於提高分析的品質是很重要的，這就是第一步。

POINT — STEP1 把大問題拆成能解決的小問題。

「失敗」是什麼？

在第一步驟中，我們談到要將眼前的問題拆解成感覺能解決的程度。而在這一節，我們就來說一說該怎麼處理那些分解好的各種問題。

雖然直接順勢給出答案也沒什麼關係，不過在此之前我想問一個遲來的問題。

不曉得大家是怎麼看待現況分析的呢？你們喜歡徹底分析自己嗎？

我想各位必定不會高舉雙手大喊喜歡吧。

這沒什麼好奇怪的，遺憾的是大部分的人都很討厭分析自己的現況，這就是現實。這可說是與「現況分析」難以切分的問題之一。

那麼，到底為什麼會這樣？為何大部分的人都討厭分析現況呢？

這是因為，我們會下意識害怕分析現況。

在日復一日的生活中，人類必然會遭遇某種失敗。在潛意識中，我們不自覺地認為分析現況的這個行為比什麼都恐怖，因為它會逼著我們面對失敗，不許我們轉身逃避，最後說不定還會消磨我們的自尊心。

舉例來說，在準備考試上，很多考生都會想多花點工夫學習自己擅長的範圍和領域。因為擅長數學讀起來很輕鬆，所以就全力避開自己棘手的國文，只準備數學一科。我以前也是這樣的學生。

逃避自己的失敗，這種場面也可以在職場上看到。例如正在進行的工作不如自己預想的順利……在這種時候，人們會不由得斷定自己是完美的，認為自己身上的問題遠比自己以外的問題來得小。

像這樣將主要的失敗原因歸咎在上司、一起工作的夥伴或社會制度上的人，其實出乎意料地不在少數。

人類就是這種生物，會像這樣試圖抹去與自我認同有關的失敗，以維持自己精神上的安定。我們不僅討厭面對自己的失敗，還想忘記當時殘留在腦海裡的失敗記憶。

然而，唯有經歷失敗才能從中找到成長的可能性。假設有一場滿分一百分的考試，考到九十分的數學與只考了三十分的國文，哪個更有進步空間？想必不用我說大家也知道。雖然只要逃避準備自身棘手的範疇，就能排解自己對於升學考試的不安，可這樣的態度最後也無益於提升總成績。

此外，在除了自己以外的地方找工作失敗的主因沒有意義，畢竟我們無法用自己的力量改變自己身外之事。當然，問題也很有可能出在自己的上司、商業夥伴或社會體系上，不過就算抱怨這些事也於事無補。再者，我們自己本身也並非完美無瑕。在上司、商業夥伴、社會體系都有所疏漏的環境之中，我們唯一能夠改變的就是自己，好好審視自己才是能使我們成長的養分。

說完這麼多，或許已經有人知道開頭那個問題的答案了。

分析失敗及失敗的原因

「徹底分析每一天的失敗，以及失敗的原因」

這才是現況分析的本質。

一開始可能會覺得很痛苦、很可恥，但是分析自己的現況本來就不是要拿給別人看的東西。不論分析過多少次自己的失敗，最後能看到這些的也只有自己而已。

另外，以失敗為墊腳石，將會產生相應的成長空間。這麼一想，是不是覺得「為自己的失敗感到可恥」很傻呢？

那些活躍在各式各樣舞台上的名人，也全都在好好身體力行這件事。

像是南海甜心的山里亮太，他是在很多電視和廣播節目裡擔任固定嘉賓的日本知名藝人，聽說他每天都會把自我反省的重點整理記錄在筆記本上。他已經這麼做超過十年，總共有六十本以上的自省筆記。

不僅是山里亮太，愛迪生好像也曾經寫過類似的筆記，而且政治家裡頭也有這樣的人存在。

還有，包括我自己在內，可以說幾乎沒有一個東大學生會逃避自己的失敗。

要想成功，祕訣就在於我們必須仔細分析失敗與失敗的理由。如果持續將這些分析結果當作下次行動的方針，那麼人就一定能有所成長。

俗話說「失敗為成功之母」，事實的確如此。

總而言之，**失敗絕對不是什麼可恥的事。失敗的次數愈多，改善後的自己就愈強大。針對細細拆解的每一項問題，分析自己的失敗及其原因**，這是分析現況的第二步驟，也是最重要的一步。

POINT —— STEP 2 將問題拆解細化，分析失敗與失敗的原因。

你只關注失敗與失敗的原因嗎？

前面提到失敗是成功之母，我們要積極正面思考。但是，一旦總盯著失敗看，再怎樣積極思考的人也會愈來愈痛苦，搞不好還有人會因此喪失動力。

就像我們講過的模擬考範例，無論如何都會因此陷入低潮的人仍不在少數。這樣便本末倒置了。

那麼，我們該怎麼做才好呢？

答案非常簡單。只要將注意力放在「我們能做到的事」上就行了。

分析成功與成功的原因

每個人都有失敗的時候，但同時我們也有不少順利達成目標的時候。而我們之所以無法感受到這一點，是因為人類的注意力容易放在負面消極的那一面，難以關注那些我們成功做到的事。在無意識之中捨棄這些東西實在太可惜了……。

從現在開始，除了將目光放在自己做不到的事上，也要有意識地關注那些我們順利完成的事。也就是說，要徹底思考「現在的我能做什麼，又為什麼做得到」。藉此幫助自己建立自信，就能維持前進的動力。

而且，關注自己的成就，除了可以維持動力以外還有別的好處。

一般來說，人們多半認為若想成長茁壯，只需要把重點放在自己做不到的事上就可以了，但這是一個錯誤的概念。要想解決藉由現況分析發現的失敗時，事先關注自己做得到的事，本身就會成為一種提示。

正如先前所述，將目光放在自己做得到的事上，意思就是去分析現在的自己能做到什麼，以及為什麼做得到。這時愈顯重要的便是後者的內容了。「為什麼做得到」這個問題的答案無非就是自己得以成功的原因，所以只要徹底分析這個原因，**並將其應用在自己分析現況時發現的失敗上，就能或多或少離成功更進一步**。

在保持幹勁的同時，為了解決失敗而分析自己成功做到的事及其原因。這就是分析現況的第三個步驟。

POINT — STEP3 將目光放在成功與成功的原因上。

你的現況分析是有意義的嗎？

除了了解失敗與失敗的原因之外，也要留意成功與成功的原因，我想各位應該都已明白其重要性了。

那為什麼我們要以記事本的方式來執行呢？雖然「記事本」篇是PART 2的內容，不過我想先在這裡談談這部分。

這個提問有些突然，但我想請問各位，你曾經在聽到某個人說的話後，感到「原來如此~」、「這可以套用在目前我遇到的問題點上」嗎？

如今，我們隨時隨地都能在電視或YouTube等媒體平台上收聽各式各樣的人所說的話，所以我相信各位在過去一週內，應該至少有過一次這樣的經驗吧。

在回顧自己至今為止的體驗時，聆聽別人的話語，然後再活用到自己的將來。這也可以說是現況分析的一種。

那麼，此時此刻，你能回想起那個人所說的話嗎？

恐怕大多數的人都不記得了吧。關於這一點，我想有一部分也是因為我們忙於生活而無法顧及，雖然無可奈何，但好不容易聽到不錯的內容卻這樣忘記，實在是太可惜了。

而且其實這種「可惜」的經歷，在我們沒注意到時已然累積得像山一樣高了。

說不定也有人會在日常中將這些事情記錄下來，好作為他日之用。可是寫這些筆記的人，事後是否曾經回頭再看呢？

在討論會中，經常會將ＰＰＴ的資料發給大家。而我們在討論會中，總是在ＰＰＴ的資料空白處拚命做筆記，卻完全沒去想自己未來會不會再回頭看。

之後再也沒看過一眼那份筆記，這就跟直接把筆記扔進垃圾桶沒什麼兩樣……而這樣的人應該占了大部分吧？

當然，這邊提到的是電視、YouTube和討論會的例子，但在現況分析上也同樣如此。即使再怎麼費盡心力地分析現況，如果不能藉此讓生活變得更好……這時，記事本（行事曆）就能好好發揮它的效用了。

你會忘記每天都會遇到的人的名字嗎？

不用說，當然不會忘記吧。就算是認為自己不善於背誦的人，也應該會記得朋友和自己父母親的名字才是。

換言之，**事物是否會留存在我們的腦海裡，取決於我們看過多少遍它的內容**。在這一點上，因為記事本是每天一定會翻閱的東西，所以將現況分析寫在記事本上，就能夠把這些內容牢牢記在心上，不再遺忘。

以結果而言，即使我們做完現況分析，要是無法反覆確認的話，那麼這些分析也就沒什麼意義了。

POINT —— 對現況的分析，如果不以能重複確認的方式記錄下來就沒有意義。

SECTION 1 「分析現況」的複習

POINT1

分析現況並非對自己努力的結果患得患失。

POINT2

對現況的分析，如果不以能重複確認的方式記錄下來就沒有意義。

STEP1

把大問題拆成能解決的小問題。

↓

STEP2

將問題拆解細化，分析失敗與失敗的原因。

↓

STEP3

將目光放在成功與成功的原因上。

誰掌握的
理想才是
正確答案？

我無論如何也要
考上東大！

我想以中游的平均分數考上東大。
從剩下的時間逆推的話，
我得在現在這段時間先準備數學，
不然就糟了……。
所以，我打算利用這個月讀完一本
不擅長的數學A的參考書。
數學A大致分成四個範圍，
那就一週準備一個範圍吧。

F小姐

SECTION

2 關於掌握理想

其次是掌握理想。

人類要擁有目的或目標才能夠展開行動，因此我認為不存在「沒有理想」的人。不過就算任何人都心懷理想，卻不代表大家抱持理想的方式就一定恰當。

掌握理想的意思就是掌握「自己想成為什麼模樣」。在本節中，我們便來說說掌握理想的方法與要點。

何謂正確的掌握理想？

這邊也會像之前一樣，在確認前頁兩人的發言後再繼續進行。

這一次與「掌握理想」有關，兩人是這麼說的：

E小姐：「我無論如何也要考上東大！」

F小姐：「我想以中游的平均分數考上東大。

從剩下的時間逆推的話，

我得在現在這段時間先準備數學，不然就糟了……。

所以，我打算利用這個月讀完一本不擅長的數學A的參考書。

數學A大致分成四個範圍，那就一週準備一個範圍吧。」

不用說，F小姐的答案比較理想，對吧？但另一方面，現實中一定有不少人跟E小姐有一樣的想法。

老實說，我就讀的那所高中也有不少這種類型的人，而且就我目前在教導的高中生來說，他們也幾乎都是E小姐這種類型。

那麼，就讓我們來分析一下E小姐跟F小姐吧。

首先是E小姐。她看上去似乎對考上東大有很強烈的意願，這是很棒的事。

在這樣比較過後，一定會有人產生誤會，以為「是不是不能抱持像E小姐那樣的理想」，但事實並非如此。

不管做什麼事情，要是一開始沒有一個籠統的理想，那接下來也不可能為此努力（所以，如果現在像E小姐那樣有個大概理想的人，請千萬不要放棄你的理想）。在這裡我想告訴各位的是——僅僅只有描繪出這種模糊的理想輪廓是不夠的。

接著是F小姐。與E小姐相同，F小姐也有一個考上東大的願望。

但是，她並未止步於此。

首先，她已經了解自己想以多少分考上東大。不要只是模棱兩可地想「我想考上東大！」，而是將分數這個客觀的指標設定成理想，各位不覺得多虧了這麼做，讓我們更容易想像出將來的光景嗎？

此外，F小姐也在考慮過現況（課題在於數學）和自己剩下的時間後，掌握了自己未來這一個月、一週要做什麼事。

只說「我想以平均成績考上東大」或許還令人覺得遙不可及，但透過相對較短的一週、一個月這樣的時間單位來訂定理想，就能使自己應該前進的道路變得更清楚，也更加具有可行性。

我想應該幾乎沒有人會說自己「沒有理想」。不過現實是，這些具有理想的人大多都像E小姐一樣做得不夠確實。

閱讀本節內容，讓自己學會如何懷抱正確的理想吧！

東大生就能好好掌握理想嗎？

毫不誇張地說，能不能實現目標的關鍵，就在於掌握理想的方式是否正確。

說是這麼說，但不管我講過多少次，大概還是會有人對此不以為然吧。所以在此之前，我想先來稍微談談東大學生是否就能適切地掌握理想。

雖說都是東大的學生，但也有各式各樣的人。有的人是以重考生的身分勉勉強強考上的，也有人是應屆畢業後以遠遠超出錄取平均分數的成績考上的。

因此儘管確實無法一概而論，但我感覺自己身邊的東大學生大多都像F小姐一樣，對理想的掌握具體而適當。

東京大學裡有一種人稱「分系制度」的規定，這套制度要求學生在進入東大就讀並學習一年半的時間後，再選擇自己要就讀的系所。

不過，這不代表所有人都能去自己想去的系所。每個院系都有一條最低標準的界線，自己的成績必須高於這個標準才能選擇該系。

像是醫學院的醫學系、教養學系的認知行動科學課程、國際關係論課程這類真的很熱門的學系、學科，其成績要求非常高，所以聽說有些人就算進入東大就讀，也必須維持著與準備升學考試一樣的學習強度。

從我進入大學已經過了一年半左右，也差不多是分系的時候了。只要觀察我身邊的同學，就能感覺到他們在分系制度上對於「自己想去哪一系」的目標把握得很好。

舉例來說，我有個朋友想讀農學系，所以他知道要讀農學系必須修多少學分，也沒忘了去上周遭文組學生不會去上的實驗課，這些事情他都已經仔細考量過了；而我另一位打算讀教養學系的朋友則是需要很高的分數，所以他從一年級的第一學期開始就必須取得高分，並徹底分析哪一門課必定要上，然後再眼巴巴地等待成績公布。

儘管這些事看上去似乎都天經地義，但是他們都有清楚掌握自己的理想，並且拚命去把自己該做的每一件事做好。我覺得這種態度是東大學生出類拔萃的才能之一。至少在我身邊幾乎沒有人會認為「只要隨便上幾堂課應該就可以了吧」。大家都擁有各自的理想，並且朝著那個理想前進著。

POINT — 優秀的人會徹底掌握住理想。

你是否沉溺在輕鬆的理想中？

接下來要具體說明如何掌握理想。這部分與現況分析一樣分成三個實踐步驟，請各位在閱讀時也要意識到這一點。

聽到「掌握理想」這個詞，感覺好像任誰都能輕鬆做到。然而許多人在實際嘗試去做的時候都會掉進一個陷阱裡。

那就是「訂立簡單的理想」。

只要是人類，無論是誰都希望活得輕鬆愉快。我們會想體驗成就感跟滿足感，但不想去做任何麻煩的事。這點我也是一樣，這種想法本身毫無問題，只要身為人，會這麼想也是理所當然的。

問題在於將這種想法付諸行動，也就是把自己的理想設定得太過天真。更進一步地說，就是把只要活著就能做到的事當作自己的理想。

的確，這樣一來就不需要為了實現理想而辛苦付出，而且既然在掌握理想上找了一

面對更高一層樓的理想

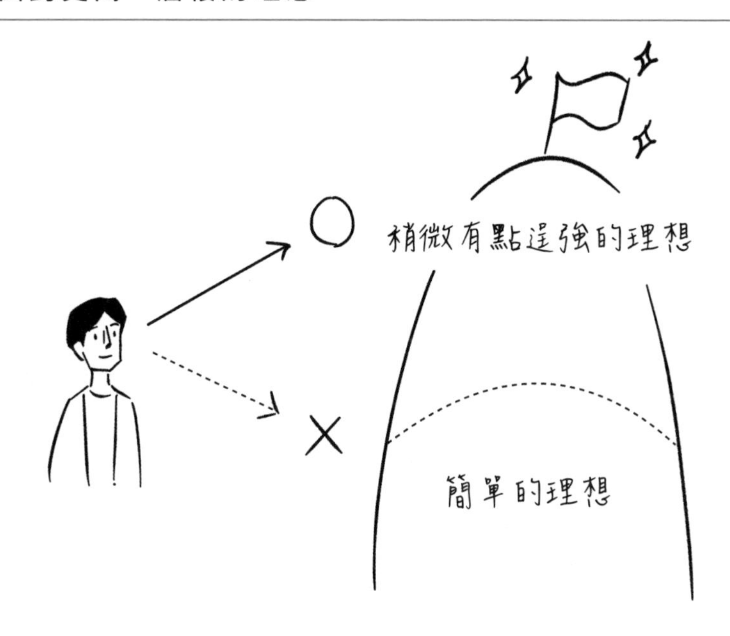

個定位，那麼當理想成真時也能獲得一定程度的成就感跟滿足感。但是，**這有一個前提，那就是「即使完全不能接近自己真正的理想也沒關係」**。

意外的是，這樣的學生並不稀有。作為一個文組出身的學生，我周圍有很多人都不擅長數學，所以我也時常會看到以下這種人：

「我數學很差，所以把志願放低點，選那些不看數學成績的大學好了！」

明明從未認真學過數學，卻因為不想讀數學而認定自己數學很差，從而將自己的志願學校標準放低，像這樣的例子有很多。

「這又不是你的人生，人家自己自由決定不就好了？」

當然，話是這麼說沒錯。我沒打算否定他們的人生，也不能這麼做。只是，如果肯好好讀書的話，說不定數學會成為他們的強項，可他們卻在努力之前就放棄報考自己真正想讀的學校。換句話說，這種放棄自己真正理想的行為，會讓我不禁覺得「怎麼那麼可惜」。

將理想設定在「對自己來說有點困難」的程度最為剛好。要成為自己真正想成為的人，就得堂堂正正地面對難度更高的理想，不要說謊欺騙自己，這一點很重要。

POINT — STEP 1 掌握超出自己能力的真正理想。

為何會描繪出這樣的理想？

「為什麼我現在要描繪這樣的理想……？」

當疲憊感在心裡不斷累積，一個人走在大街上時，有可能會突然冒出這樣的疑問。然後便會有一段時間什麼也做不了。有時甚至會放棄原來的理想，徹底將其拋諸腦後。

想必各位也有過這樣的經驗吧？

當然，時間充裕的人不妨就這樣讓心靈休息一下也不錯，但對那些沒有餘裕的人來說，就並不樂見這樣的情況了。

為什麼人們會陷入這樣的狀況呢？

這是因為在掌握理想的階段缺乏「為什麼」的視角。換言之，這類型的人從來不曾以「我是因為〇〇所以想變成這樣」的方式思考。

其實每一名學生的內心基本上都擁有「我想讀某某大學！」的理想，只是他們多半不

關注理想的成因

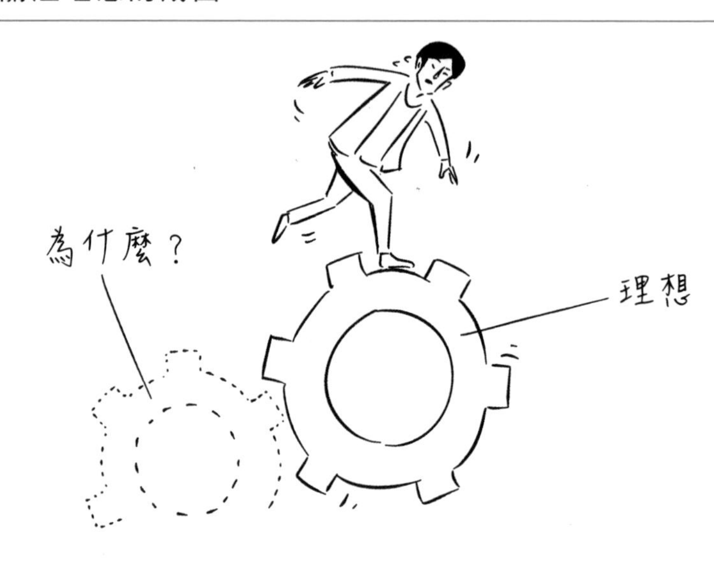

能明確意識到這股欲望的成因，搞不好許多人都輕忽了原因。

再看看進入社會工作的那些人，就算心中懷抱著「我要努力做好現在的工作！」的理想，但我覺得確切了解其理由的人應該也不多。

然而，**能否明確清楚意識到這一點，將左右我們是否可以避免陷入前面提到的情況，或是在陷入其中時能不能盡快脫身。**

在這裡我希望各位好好想一想，目前你們內心抱持的各種理想，是否就是自己一生的最終目標？對於大部分人來說，相信並非如此。

雖然我以前也是一名以東大為志願的考生，但進入東大就讀並不是我的最終目標。至於我周遭的東大學生，大多數人心中都有一個足以貫徹一生的重要志向，他們是為此而進東大的。

相信此刻正在閱讀這本書的你也一樣，心中有個志向能讓你看清實現理想後的未來。換個方式來說，正因為擁有足以看清未來的志向，所以現在才能把握住理想，實實在在地努力。

而且，不管這個理想的規模如何，連同理想的成因一併掌握——這件事的重要性都不會改變。

無論是「考上東大」這樣的大理想，還是「背好英文單字」這樣的小理想，只要事先意識到自己如此冀望的原因，就會大幅降低浪費時間的可能性。

另外，**我們也能透過分析理想的成因，去判斷這個理想是不是真的適合自己**。若發現不適合，就不得不調整自己一開始掌握的理想。

下面我們來看看這個簡單的案例：

「我以前會想努力做好這份工作，是因為我想藉由自己的工作來幫助人們得到幸福。可是這份工作沒辦法做到這一點，不是嗎？」

像這樣試著從理想的成因審視理想，就能發現這份理想並不符合自身的期望，最後便能將「努力做好這份工作」的理想修改為「辭掉這份工作，再努力投入別的工作」了。

綜上所述，當各位把握住超出自己能力的真實理想後，**下一步就是要去留意形成這個理想的成因，確認自身所把握的理想是否真的適合自己**，這是掌握理想的第二個步驟。

POINT — STEP 2 留意理想的成因，確認所掌握的理想是否適切。

你所掌握的理想與將來的現況分析有關嗎？

只要把握了超出自身能力的真正理想與其成因以後，就來到最後的步驟了。

雖然有些唐突，但我們先假設有一位學生做出以下聲明：

「這個月我要學會數學的機率！」

我想這名學生一定會在這一個月內著重學習機率吧。

好，那麼一個月過去了。如果你是這名學生，你會如何判斷自己有沒有達成理想呢？大部分的人大概會覺得「這個月已經把重點放在機率上學習了，所以應該算是達成了吧」。

但事實上，大多數的情況都是「這個月所做的機率特訓，對實現理想毫無幫助」。

很多人會接著說「下個月的目標是整數！」然後就像自己已經把機率學得爐火純青一樣，進入下一個單元的學習。

但是，這只是讓人感覺自己有在讀書罷了。如果掌握理想時，成功達成跟未達成的基準曖昧不明的話，那不僅沒有幫助，很多時候反而只是在浪費時間。若結合前述說過的核心來看，會發現這樣的理想掌握程度很難成為後續分析現況時的材料。

那麼我們又該怎麼做才能避免出現這種狀況呢？

其中一種解答就是「掌握一個能確切知道是否達成的理想」。也就是**量化理想，把達成與否的標準變得更加明確**。

以剛才的例子來說，我們要掌握的理想是「提升在數學機率上的實力。具體而言，希望能在這個月底機率最後的小考拿到百分之九十的成績」。

有了這樣的理想掌握，要判斷是否真的實現了理想就很容易了。

除了考試成績以外，考試排名或偏差值等各式各樣的數值，都是可以用來了解理想掌

量化理想

握程度的客觀指標。

若以職場來說，確認那些與自身理想有關的各種數值資料都很有幫助。在想學習某樣事物的時候，不妨向自己親近的人說明這項知識或技能，透過對方是否理解自己所說的話來確認自己有沒有順利實現理想，也許是一個不錯的方法。

當然，擁有一個抽象的理想也不是什麼壞事。

人們通常比較容易先進行抽象的思考，所以就算突然要求各位「要有一個可以用具體數字表示的理想」，各位應該也很難想像吧。

但我想說的是：在掌握抽象理想的同時，也要一併掌握具體的理想，這樣才能更容易了解自己的理想是否已然實現。

換句話說，**這種做法能更容易套用到未來的現況分析上**。

POINT — STEP3 在掌握好的理想中添加客觀指標。

人類是不是只能進行短期思考？

到目前為止，我們已經介紹完掌握理想的全部步驟了。

話是這麼說，但也不是所有人都是那麼認真的人。我們有時候會想偷懶，有時候也會覺得將來的事怎樣都無所謂。這是任何人類都會有的感受。原因在於，人類是重視「當下」的動物。

不曉得各位是否曾聽說過「時間折現原理」？

這是行為經濟學的一個專有名詞，顯現出「人類覺得將來的利益價值較低」的性質。

我們來看一個具體的案例：

A：你現在馬上可以拿到十萬日幣。

B：你一年後就能拿到十萬日幣。

據說大多數的人都會在這兩個選項中選擇A。簡而言之就是「能得到的東西就要先獲得」的思路在影響我們。

但仔細想想，現在拿的十萬塊跟一年後拿的十萬塊，其價值應該幾乎等同（當然若考慮到通貨膨脹率等因素就不一樣了），因此就算選B的人很多也不奇怪才對。可是大部分的人都是選A，這就是「時間折現的原理」。

經過的時間愈長，就會覺得物品的價值愈低。換言之，人類只能思考短期內的事物。

要是用減重當例子就更容易理解了。

我們常常會聽到下定決心要減重的人有受挫或復胖的經驗。儘管他們去書店搜括了一堆五花八門的減重書，但實際挑戰過後卻有很多人都失敗了。

那麼，這些人的問題到底出在哪裡呢？

大多數情況下，原因在於預計達成理想的時間訂得太過久遠。也就是說，雖然下定決心減重是好事，但他們卻止步於「一年後要瘦下來！」這種遙遠未來的模糊理想上，所以當天晚上就會破戒吃零食了。

我想各位從這個案例中也可以看出來，人類這種生物本來就只能短期思考。比什麼都重要的是先接受這個事實，然後再設立一個短期的理想。

從短期來思考也有好處。

雖說這也是理所當然的，但預計達成理想的時間愈短，通常就會設定成愈容易達成的目標。

以減重來當例子的話，我想應該沒有人會訂下「下週以前減掉三十公斤！」這種荒唐的理想吧。

再加上，正如字面意思一樣，「短期理想」是「短期」的東西，所以它的期限會比長期理想來得短很多。也就是說我們很快就能判斷這個理想有沒有實現。

從這兩點可以得出什麼結論呢？

那就是藉由掌握短期理想，我們將更容易得到踏實完成自己訂定的理想所帶來的滿足感與成就感。雖說應該不會有人在實現理想時感覺不到滿足或成就感，但這麼做可以大大增加獲得這種感受的機會。

當然，要為了實現某個理想而努力需要付出很大的精力。因此就像前面提到的減重案例一樣，有很多人會在中途受挫放棄。

不過，若在中途放棄就不可能達成目標了。就算是為了避免這種情況發生，我們也要把握住短期理想，在實現理想的過程中獲得成就感跟滿足感，最重要的是不斷創造出實現下一個大理想的動力。

那麼，具體來說又該以多長的時間單位來考量理想呢？這個問題的答案，我們將在PART2的「記事本」篇進行說明。

POINT

實踐短期理想，將帶動長期理想的實現。

SECTION 2 「掌握理想」的複習

POINT1

優秀的人會徹底掌握理想。

POINT2

實踐短期理想，將帶動長期理想的實現。

STEP1

掌握超出自己能力的真正理想。

STEP2

留意理想的成因，確認所掌握的理想是否適切。

STEP3

在掌握好的理想中添加客觀指標。

誰建構的
方法論
才是正解？

我要在一個月內
讀三遍英文單字書。

G先生

我要用一個月
仔細讀一遍英文單字書。
因為前半段的內容差不多都已經記住了，
所以這個月的第一週
就把前半段背完，
剩下的三個禮拜則是
專注準備後半段。
單字書的單字數量總共是○個，
因此每天只需確認□個單字……。

H先生

SECTION

3 關於建構方法論

最後是建構方法論。

如果像車載導航或手機地圖應用程式那樣，能在瞬間找到路線就沒有任何問題了……不過這部分必須由我們自己完成才行。

說到這裡，可能會有人覺得這聽起來很難，但只要按照我所說的步驟和要點來做，無論是誰都能做到。

那麼就讓我們進入正題吧！

何謂正確的建構方法論？

首先，我們一樣先來聽聽這兩個人的說法。

請一邊讀，一邊好好想想現在的自己更貼近哪一方。

G先生：「我要在一個月內讀三遍英文單字書。」

H先生：「我要用一個月仔細讀一遍英文單字書。
因為前半段的內容差不多都已經記住了，
所以這個月的第一週就把前半段背完，
剩下的三個禮拜則是專注準備後半段。
單字書的單字數量總共是○個，因此每天只需確認□個單字……」

G先生和H先生眼中所看到的世界完全不同。

在G先生的例子裡，雖然能以一個月的時間單位來建構方法論，但之後卻沒有任何規劃。這樣令人很懷疑他是否能順利達成目標。

而且還有一個問題，那就是「讀三遍」的這段話。當然，每本英文單字書都不同，所以也不能斷定一定沒有比較薄的類型。不過一般來說，英文單字書很多都很厚，想在一個月的時間內讀三遍是不切實際的。而且G先生身上很有可能還有其他一大堆必須得處理的事情。

感覺有點跑題了，但這裡我想讓各位記住的是：**所謂「認真投入某件事」，換個角度來說就是無法在其他事情上投注心力**。無論是學生還是上班族，可運用的時間都是有限的，所以我們必須知道自己現在想做的事（或正在做的事）是否真的是現在該做的事，時刻留意這一點很重要。

接下來說到H先生。

首先，他制定了一個月讀一遍這種在某種程度上比較現實的方法論。這一點與G先生形成了強烈的對比。再來他還進一步根據自己的特質安排，在了解自己確認單字需要花多少時間的基礎上，把待做事項拆解並落實成更小的時間單位。

雖說這只不過是我個人的經驗，但我感覺這世上大部分的人都比較類似G先生。不僅如此，比G先生更糟的人也不在少數。要說那是什麼情況的話，我只能說，那種既不考量時間單位，也不思考要做的事有多少分量，就只想著「我單字背得少，所以來看單字書吧！」的人其實是存在的。

但就算是這種類型的人也不用擔心。只要能理解接下來所敘述的內容，就一定能學會正確的方法。

你是否在縱容自己呢？

接著為了實際建構方法論，我將分成三個步驟來介紹。

正如前面PART0所述，在建構方法論上，我們必須具體決定自己該實行哪些事項。換言之，跟分析現況和掌握理想這兩個核心比起來，建構方法論與自己的生活有更密切的關係。

這邊也因此產生了一個問題，那就是人類這種生物往往對自己過於寬容。

雖然這也只是根據我個人經驗所得出的結論，不過大多數的學生在具體寫下自己該做什麼事的時候，都只能寫出兩三件事，如果能寫五個就算是非常罕見了。而且通常這些內容都沒有被付諸實踐。

把自己該做的事和想做的事全寫出來

類似這樣，人類總會在不自覺間縱容自己。

當然，依照情況不同，有些事情也會需要耗費很長的時間去做。話雖如此，目前自己該做的事和想做的事肯定不只有兩三個而已。

各位現在具體想做的事實際上有多少呢？你可以把它寫在紙上，也可以單純只在腦海裡想像一下。請不要縱容自己，試著老實地寫出來看看。

怎麼樣？應該沒有先前預想得那麼少吧？

我再重複一遍，人類是對自己很寬容的生物。因此**要想採取什麼行**

動，就得不斷逼迫自己去做才行。以建構方法論來說的話，就是像剛剛我們所做的一樣，**必須先將自己想得到的「該做的事」和「想做的事」統統寫下來才行。**

就算我這麼說，或許也還是有人想不出來。

有這種情況的人，可以試著去想一下在現況分析裡也提過的「拆解」法。

比如說，就算被要求從「準備考試」、「演講」這類概念比較廣泛的詞彙中，想想自己該做的事與想做的事，也沒辦法想到那麼多。

但若是像第一節〈眼前的問題太過龐大時，怎麼辦？〉（請參照51頁）所述，將這些籠統意象不斷分成更細微的要素群體的話，會變成什麼樣子呢？

即使只是在每一個小要素裡發現一件自己該做的事與想做的事，合計起來也有相當多的數量。

此外，只要繼續以這種方式建構方法論，就能發現自己之前從未注意到的事物。

說是這麼說，但要是一直這樣下去可能會沒完沒了，永遠找不完，所以必須要設定一個停下來的時機。

以判斷基準來說，「有點擔心自己做不做得完這個量」的程度是最剛好的。由於這個階段的目的是「逼迫自己」，因此請不要忘了這一點。

POINT — STEP 1 將自己想得到的「該做的事」和「想做的事」統統寫下來。

這是真正該做的事嗎？是真心想做的事嗎？

在將自己該做的事與想做的事拆解開來，並把能想到的事都寫出來之後，接著要來觀察這些事之間的關聯性。

這裡的重點如標題所示，也就是思考這些是不是「自己真正該做或想做的事」。更進一步地說，是透過這個動作讓自己處於「一做完某件事，在其他事情上也隨之運用自如」

考量各方法論之間的關聯性

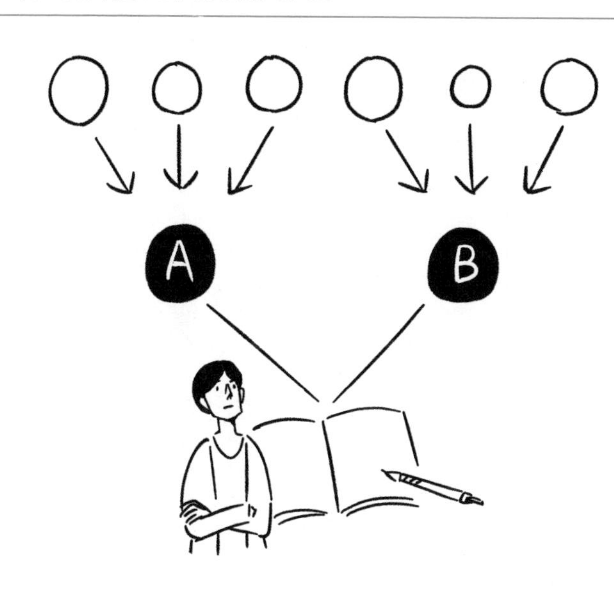

的狀況下。

讓我們以英文為例來想一想吧。

拆解後的結果，我們將方法論的建構分成下列四點：

①英文文章↓長文閱讀題庫與歷年試題

②英文詳解↓英文詳解評量

③英文單字↓英文單字書

④英文文法↓文法參考書與文法練習題本

當然，要是能面面俱到自然再好不

過，但很多時候不一定能做到。

這時需要考慮的，是這四項之間的關聯性。

首先，英文單字跟文法是學英文的基礎，具備著重要的作用。接著將這兩者結合起來就會形成句子，而解說這些組合起來的句子（短文）便是英文詳解的範疇。最後將這些短文集結起來，就完成一篇擁有多個文章段落的英文文章了。

那麼，在這個前提之下，若想學會這四項內容卻只能選擇其中一種的話，該學哪一種比較好呢？

沒錯，就是英文文章。只要學習閱讀英文長篇文章，那麼或多或少也能一併學到作為其基礎的英文詳解，以及更基本的英文單字和文法。如此一來，就能將該做的事從四項減少成一項了。

當然，這個案例的前提是已經將英文詳解、單字和文法學到了一定程度。

不過這並不代表一定得強行減少方法論的數量。英文文章、英文詳解、英文單字和英文文法等內容，如果能全部都認真學習，絕對是最好的結果。

只是，我們能用在學習上的時間有限。**把自己該做與想做的事盡量寫下來，並思索它們之間的關聯性，假使能找到一些不用勉強自己去做的事情，就能降低無謂的努力，這也是事實。**

「不用做最好！」是一個過於理所當然，反而會不小心忘記的觀念，但正因如此，是否能每天都意識到這一點將產生巨大的差異。

POINT —— STEP 2 考量各個方法論之間的關聯性，盡可能縮減數量。

這套方法論的優先度為何？

「話雖如此，但能減少的數量還是有限的吧？」

我彷彿可以聽到這樣的疑問，不過當然，我們接下來還會確實縮減數量。事情自然有輕重緩急之分，我們必須在這樣的前提之下，思索應該將哪套方法論付諸實行。

那麼，該從哪個角度來考量其優先度呢？

這裡有個前提：每個人都有各自重視的觀點，比如自身有沒有幹勁或喜好如何等等，所以我不會要各位拋棄這些東西。畢竟要是因此而無法實行的話就本末倒置了。

但是，請大家務必考慮以下兩個觀點：

①需要花費多長的時間？

以前我認識的人裡頭，有個人是這樣的：

「今天我本來預計要學習所有科目，

但當我做完我最喜歡的數學難題本後，一天就沒了。」

想一想「大概會花費多少時間」

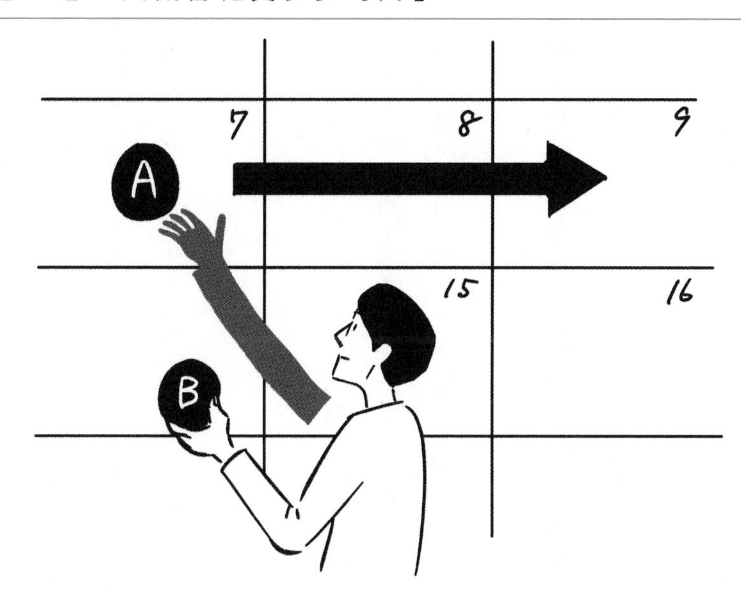

他所欠缺的觀點就是時間。也就是說，他沒有去思考自己在實際進行這件事時會花掉多少時間。

雖然這聽起來很理所當然，但不論是學生還是上班族，人們能夠運用的時間最多都只有一天二十四小時。所以我們在日常生活中必須隨時注意一件事，那就是在執行自己所建構的各套方法論時，大概需要耗費多長的時間。

以上述提到的朋友來說，儘管他也必須在數學以外的科目上用功，但卻因為過度重視「自己喜不喜歡」的觀點，結果到最後只唸了數學一科。我想他第二天肯定也會花很多時間在做數學習題吧。當然，如果他只需要做數學就好的話是沒什麼問題，但從他所說的話來看卻並非如此。要是繼續採用這樣的學習方式，應該很難考上他理想中的學校。

也就是說，在建構方法論時，**不但要考慮自己能用的時間，也要去思考處理該做的事或想做的事所需要的時間，兩者缺一不可。**

話是這麼說，但剛開始可能也不知道得花多少時間才夠。因此一開始只要先粗略估計一下，在規劃的同時著手進行，然後在做完之後把實際花費的時間當作每天的現況分析記錄下來。這樣一來，對所需時間的預測就能慢慢變得更加準確。

②這麼做可以解決現況，並讓自己接近理想多少？

另一個重要的觀點是，這麼做能夠解決多少自己的現況問題，讓自己接近理想多少。

舉個稍微極端的例子，假設我們的理想是考上一間超難考的大學，這間大學的入學

思考「能讓自己接近理想多少」

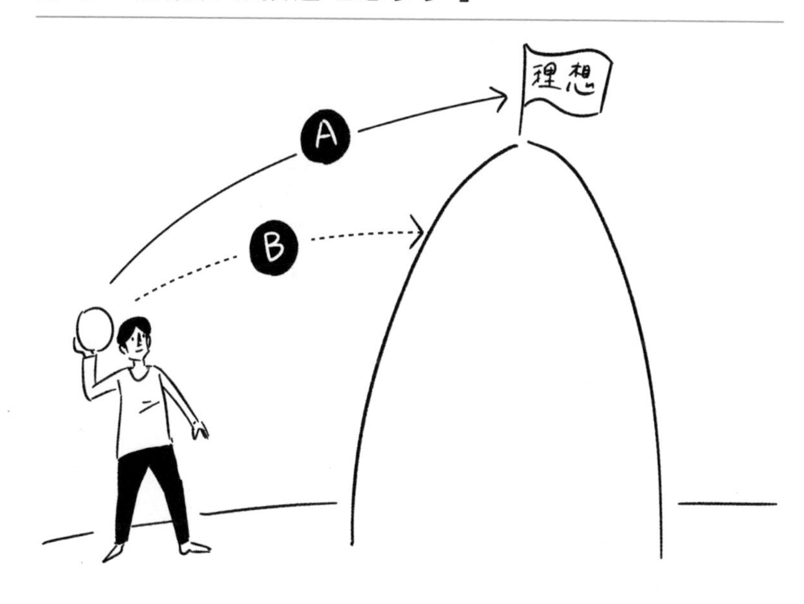

門檻要求數學九百分，英文一百分，總分一千分。假如目前的現況是數學只能拿到一半的分數，那麼在這種情況下，為了只分配了一百分的英文去讀單字本顯然不是個好辦法。與其如此，還不如去做難度較高的數學參考書，好讓自己在配分高達九百分的數學上取得更好的成績，這樣顯然更能接近我們的理想。

我再重複一遍，每個人的時間都是有限的，而且能做的事情也有限。**為了不白費自己的努力，請各位仔細想想自己所建立的方法論能不能帶領自己從現況走向理想。**

你規劃的方法論有餘裕嗎？

先是寫下自己該做與想做的事，然後思考這些事情的關聯性，同時略做刪減，最後考量優先度，這三個步驟各位已經了解了嗎？

接著我們便來說說在建構方法論時，除了這三個步驟以外的實踐要點。首先是在建構方法論時，關於「餘裕」的內容。

雖然到目前為止，我們已經減少了很多該做的事以及想做的事，但卻仍然無法如自己所願完成所有事情。因為是人，所以有時難免會有情緒上的問題，或是發生一些意外事件。這時，如果自己的方法論每天都把時間安排得滿滿的，會怎麼樣呢？

到時自己該做的事與想做的事會不斷被往後拖延，堆積如山。依據狀況不同，有時可能還會失去繼續執行的動力。為了避免這種情況發生，為自己的方法論規劃時間上的餘裕是很重要的。

比如說，其中一個方法是將每天睡覺前的一小時用來做一些當天預定要做卻還沒做的事（如果都做完了，就當作休息時間）。這樣一來，將每天做不完的事情推遲到第二天的可能性就降低了。而且，這麼做會產生想在睡前一小時休息的動力，也會想要在這段時間之前就把該做的事做完。

另外還有一種方式是，不要在通常當作一週最後一天的星期日安排太多待辦事項。如果原先建構的方法論不能按照預想的進度實行，那就一開始就看清這點，然後以一週為單位，在星期日收回並處理這週該做的事與想做的事。

「但是這樣跟先前說的不是矛盾了嗎？到底方法論是要讓自己感覺有點勉強的分量好，還是留有餘地比較好？」

直覺敏銳的人一般都會這麼想吧，不過最終重要的還是平衡。

以前面的例子來說，我們可以在睡前或週日安排某種程度的空閒時間，以便保有一定的餘裕；但另一方面，在其他時間裡，就要稍微勉強一下自己。換言之，盡可能避免建構一個不會給自己帶來負荷的方法論，同時也不要給自己施加過多負擔，這才是能與自己愉快相處的方法。

POINT

設計一套有時間餘裕的方法論。

修改方法論是壞事嗎？

有些人一旦建構好方法論，也就是決定好自己該做的事與想做的事後，直到最後都不想做任何的調整。這是為什麼呢？

那是因為他們覺得修改方法論就等於承認自己的失敗。我在分析現況的那一節曾經說過「人們不願意面對自己的失敗」，而修正自己決定好的事情，這種行為就被認為是一種失敗。

儘管自己的方法論有錯，卻不願意承認，所以完全不進行調整就這樣繼續下去……這麼做的話究竟會發生什麼事呢？

或許不僅永遠不會承認自己的錯誤，甚至可能在沒發現自己不願面對的情況下，就這樣失敗了。

此外，就算想承認錯誤，有時可能也來不及修正。說得極端一點，假如承認自己的方法論有誤，決心要修正再努力學習的那一天是正式考試前一天的話，那一般人也來不及做什麼。

拒絕調整自己做過的決定，混淆了目的和手段所導致的這種狀況……當然應該誰都不想身陷其中吧。這時又該怎麼做才好呢？

答案很簡單，**只要稍微覺得不對就立刻做出調整就行了**。與其以被動的態度等待錯誤自己浮現，**還不如主動出擊，就算強迫自己也要不斷尋找有沒有什麼地方出錯，或是有沒有比現在更好的方法論存在**。

人類會對「僅憑自己的思考就能完美了解一切」這件事深信不疑。然而實際上，有不少事情都是只有當我們把思考付諸行動之後才會明白和發現的。要實現理想，與其頑固死守一開始建構好的方法論，還不如考慮這些因素來重新設計方法論，並再次付諸實踐來得更好，這一點自不待言。

總結來說，我們不需要在一開始的階段就把方法論建構得完美無缺。比起在最初的階段努力提升方法論的品質，更重要的是**不斷尋找是否有可以改善之處，然後在發現的當下就努力把原本的方法論修到好**。

POINT
時時刻刻找尋有沒有待改善的地方，並持續予以修正。

SECTION 3 「建構方法論」的複習

POINT1

設計一套有時間餘裕的方法論。

POINT2

時時刻刻找尋有沒有待改善的地方，並持續予以修正。

STEP1

將自己想得到的「該做的事」和「想做的事」統統寫下來。

↓

STEP2

考量各個方法論之間的關聯性，盡可能縮減數量。

↓

STEP3

從「時間」和「與理想的距離」來斟酌優先順序。

三大核心間的關係

就這樣，我們針對分析現況、掌握理想和建構方法論分別進行了一番說明。而在PART1的結尾，我想談談這三大核心之間的關係。

先前在建構方法論的三個步驟中已經稍微講過一些，所以可能有人已經注意到了——那就是分析現況、掌握理想與建構方法論之間絕非毫無關聯。是故，在實際執行目標達成型思維時，我們必須事先意識到這些項目之間的關聯性。

請看下一頁的圖，這張圖代表了三大核心之間的關係與先後順序。

三大核心的關係與先後順序

②掌握理想

①分析現況

首先，一開始要做的是分析現況。

不管將來努力的內容是什麼，都需要先分析自己的現況，只有認清真實的自己才有辦法進行下一步。藉由分析現況可以掌握理想，讓理想不至於偏離正軌，從而建構出未來的方法論。

下一步是掌握理想。

只要仔細做好一開始的現況分析，這個步驟就必定能夠順利進行。之所以這麼說，是因為若將最初分析的現況反過來看，這部分就可以說是一個最低限度的理想。

例如我們分析現況後得知「在英文長篇閱讀裡丟了很多分，原因應該是單字背得不夠多的關係」。這時若將內容倒轉過來，「只要背好單字，就能減少在長篇閱讀題型失分」就能像這樣掌握一個大致的理想。

這就是將現況分析反過來看便能掌握理想的意思。

然而，希望各位別忘了——這種程度的理想掌握其實並不充分。

透過翻轉現況分析所掌握到的理想，不過是最低限度的等級。「解決現況分析所了解到的問題（即反過來看），然後想變成某個模樣」這種想法才是最好的，因此我們應該以這種形式為目標，不要讓自己太過鬆懈。

最後要做的是建構方法論。

建構方法論的意思就是決定「具體要實施什麼行動」，所以它本身並不可能單獨存在。所謂具體的行動，指的是在某個現實狀況下，為了實現某個理想而產生的手段。

「一直以來，我的行動從未考慮過現況跟理想。」

即使是這樣的人，其實也只是自己沒意識到罷了。因為他是在無意識之中根據某種現況與理想來行動的。

不過，是好好意識到現況和理想再思考行動內容，還是在沒有意識到的情況下不自覺地考慮行動方針，會大幅影響該項行動是否能帶來結果。

毋庸置疑的是，若對現況和理想有更加強烈地認識，並且想辦法把兩者聯繫起來的話，達成目標的可能性就會變得更高。

總而言之，在建構方法論時，必須要強烈地意識到「該怎麼做才能解決分析現況所知道的問題，並實現自己所描繪的理想」這個問題才行。

明明好不容易分析出現況，也掌握了理想，但卻滿足於此，最後在建構方法論時亂做一通……這樣就沒有任何意義了，還請各位多多注意。

PART 2

「記事本」篇

—描繪出促使「目標達成」成真的路徑—

目標達成型思維所改變的未來

PART1是「策略」篇，在這個部分我們介紹了「分析現況」、「掌握理想」、「建構方法論」這三大核心。

接下來，我將說明如何具體將這些概念與「記事本」結合起來，或者換句話說，這是一種將名為時間的概念融入策略的方法。

讀完策略篇，也許有人會懷疑自己是不是真的能做到。不過從這裡開始，我將把這些策略變成更容易付諸實行的形式，請各位務必好好跟上。

在一開始，我想先分享一個關於我的記事本的小插曲。

正如我在〈序言〉裡稍稍提到的，我從地方最好的公立高中考上了東大。但也不是說我高中一入學就名列前茅，就這樣直接成功考上東大，事實絕非如此。

當時的我以當地一所公立國中榜首的成績考上高中，還洋洋得意地想「只要像以前那樣讀書的話，成績不過是小菜一碟」。

但是，現實卻沒有那麼樂觀。畢竟上了高中以後，縣內各國中的優秀學生全都聚集在一起，所以我的成績一直不上不下。儘管國中的時候成績總是校內首屈一指，但高中的成績卻彷彿那段過去是假的一樣……。

現在回想起來，就會明白成績下滑是因為我什麼也沒考慮。然而，當時的我完全搞不懂自己哪裡有問題，也說不定根本連想都沒去想自己的問題出在哪。

但是，或許所有人類都是這樣。那些從旁人的眼光來看很顯然的事，在自己眼中卻看不清楚，這樣的情況相當常見。因此，能遇到一個可以教導自己這個道理的人是很有價值的，有時這份機緣將成為我們人生的轉折點。

給這樣的我帶來轉機的，是高二的夏天某個人對我說的話。

「光埋頭苦幹是沒有任何意義的。」

這句話使我受到很大的衝擊，我花了很多天去鑽研這句話，然後得出「重要的不只是努力的程度，還有努力的方式」這個結論，終於認識到了自己的問題。

從那以後，我便創造出前述的「策略」，並且為了予以實踐而開始活用「記事本」。一旦發現哪怕只是一點點需要改善的地方，就馬上加以改正，使其變得更好。最後就連修正本身也變成一種樂趣，我開始積極地尋找改善點再努力改進……。

在這種「目標達成型思維」的基礎下持續努力以後，不知不覺間，我就取得了高中全校榜首的成績。

而且在對應各校複試的各所大學模擬考上，高二秋天時我的成績就上了頂標，高三時則是以全日本第一的成績取得第一順位。

假使沒有這種「目標達成型思維」，沒有給我這個契機的那句話，我想現在的我就不會在東大了。

就連分析現況、掌握理想以及建構方法論這三項策略，也是我在記事本上龍飛鳳舞地提筆盡情思考才想出來的東西。

不是別的，正是這段過程改變了我的未來。

記事本已經過時了嗎？

前面我先講了一個關於記事本的小故事，不過也許有人會這麼想：

「現在明明有智慧型手機（智能電話），為什麼還要特地用記事本？」

「幹嘛不直接用智慧型手機的功能就好？」

確實，現代的智慧型手機上有備忘錄、行事曆的功能，也有相應的手機應用程式（APP），所以本書所傳授的這些內容，其實就算不用特地拿出記事本也不是不能實現。

但即便如此，我還是認為應該要使用記事本，而不是電腦或手機。

理由有好幾個，不過最主要的是**使用記事本可以讓我們自由思考**這一點。

手機上的備忘錄和行事曆功能的確很方便，可是它無法自由地畫線連接先前寫好的內容，也沒辦法用顏色區分內容。

而且上面記錄的內容也不會一一體現情感，譬如覺得重要的事情不能畫好幾個圈圈起來，在文字中注入感情。

在使用智慧型手機時，上面記錄的內容會變得形式化，喪失豐富的人性。

「能夠畫線連接或揮灑情感真的有那麼重要嗎？」

是的，這很重要。

人類這種生物不如我們想像得那麼聰明。即使大腦覺得自己早已系統性地掌握了一切事物，但一旦真正嘗試將那些內容寫出來，卻常會發現什麼也寫不出來，或是寫著寫著有了新的發現，這些都是相當司空見慣的事，對吧？

也就是說，人類在腦中所想的東西並沒有那麼穩固。

因此，在整理思路時，必須將腦海中想到的內容輸出到紙上、電腦上或手機螢幕上，然後再透過連結、刪除、環繞包圍等各種方式來擺弄調整。只有藉由這段修整的過程，才能把握好每一個想法的關聯性和重要性。

可能也有人在別的地方聽過這種說法——只有在輸出的過程中，我們才會將所想的事情整理出來。

那麼，要是在這個過程中——也就是看著輸出的內容並自由思考的過程中，遇到無法隨性畫線連結，或是不能將自己的感受投入其中等障礙的話，會發生什麼事呢？這時就會很難整理自己的思路，如此一來，就算花再多時間在上面也毫無意義。

是故，為了充分落實目標達成型思維，憑藉有著各種阻礙的手機跟電腦功能是不行的。沒錯，這意味著使用記事本將是最好的選擇。

話雖如此，但我無法從理論上證明記事本比電腦或手機來得好，所以不管我在這邊花費多少工夫說明，其說服力也有限。

因此，如果你是「不太了解記事本優勢」的人，就請當作上當受騙一樣，試一次看看吧！

相信實際用過之後一定能了解到記事本的好處。

POINT

對目標達成型思維來說，紙本的記事本是最好的選擇。

透過PDCA循環來思考時間的概念

在開始討論策略和時間的話題之前，有件事我想先告訴各位。那就是一種據說有助於目標達成的實效性和工作效率化的制度——「PDCA循環法則」。這套法則的使用場合和使用範圍都很廣泛，相信很多人都有所耳聞。

PDCA循環原本是為了順利進行品質管理和生產管理而想出來的一種手段，其特色是具有「Plan（計畫）」、「Do（執行）」、「Check（查核）」、「Adjust（調整）」共四個步驟。

近年來，這套法則受到世人關注，並且被帶到商業、企業營運以及教育、學習等方面多加運用。

包括日本文部科學省在內，政府機構也開始重視PDCA循環，而且還積極將其引進教育領域，或是半強制地要求大學引進這套理論。在跟學生交談時，我也常常聽到他們說自己會把「日常的學習跟PDCA結合起來」。很多人認為像這樣實行PDCA循環，就能夠更容易達成目標。

但遺憾的是，有不少案例即使運用了PDCA循環也未能獲得成效。

例如方才提到的日本文部科學省，它所施行的政策可說是完全沒有任何成果。唯一剩下的只有單純執行PDCA循環的事實和從中獲得的自我安慰。

「雖然試圖透過PDCA循環來努力，但卻執行得不太順利」我想各位之中或許也有人有過這樣的經驗吧。

那麼，為什麼會無法順利運用PDCA循環呢？

答案其實很簡單，因為PDCA循環不是一種萬能的手法。

這麼說可能會有人感到很驚訝，但PDCA循環本來就是為了更有效率地進行品質管理和生產管理所發明出來的東西。因此，就算不能應用在其他領域上也不足為奇。反過來說，也可以認為是它在世上被炒得太過沸沸揚揚了。

那麼，具體來說問題到底出在哪？

其實這方面存在許多各式各樣的問題，但我認為最大的問題是「ＰＤＣＡ循環並未好好意識到時間觀念」。

舉例來說，當人們打算開始進行ＰＤＣＡ循環時，有多少人能清楚意識到這個計畫該在什麼時候完成？此外，又有多少人事先決定好該在什麼時候從執行（Ｄ）進入查核（Ｃ）的階段？

恐怕大部分的人都是抱著「先試試看」的想法來執行ＰＤＣＡ循環吧。這樣做真的能產生效果嗎？

如果只看ＰＤＣＡ這四個字母，可能會不由得產生「只要重複做這四個動作就可以了」的想法，於是不知道該以怎樣的時間單位制定計劃（Ｐ），也不明白什麼時候該進行調整（Ａ）。

換言之，「來試試看ＰＤＣＡ循環吧」的想法，就只是計劃（Ｐ）而已。

當然，也有一些人可以做得很好，我想這也正是那些一開始就規定「什麼時候做好」的品質管理和生產管理之所以那麼順利的原因吧。

但如果是在伴隨著複雜性且同時追求多項目標的行為上，僅憑沒有明確時間觀念的PDCA循環是不可能應付得了的。

舉一個極端的例子，假設我們有「托福考到八百分！」和「背完整本英文單字書！」這兩個理想，那可以用同樣的時間軸來討論它們嗎？

一般而言，前者都是以一年或半年為單位的理想（希望在一年或半年後實現），而後者則是以一個月為單位的理想（希望在一個月後實現）。儘管如此，這兩種理想卻無法用同一條時間軸來呈現。

可是，即使是這麼理所當然的事情，一旦採用PDCA循環就有意識不到的危險性存在。

由此可見，PDCA循環本身存在很大的問題，不能說是達成目標的最佳方法。

雖然說了這麼長一段PDCA循環的話題，但大家知道我為什麼要在這裡提出來嗎？

因為藉由敘述ＰＤＣＡ循環的問題點，某件事就會浮現在眼前。

那就是在為達成目標而努力的時候，時間意識有多麼重要。

ＰＤＣＡ循環與本書所要傳達的目標達成型思維似是而非，而造成兩者差異的，正是專為達成目標而採取的努力方法之精髓。

POINT

ＰＤＣＡ循環法則並非達成目標的最佳方法。

在策略中添加時間觀

讓各位久等了。接下來將進入正題，也就是開始說明如何分別在組成「策略」的三大核心中加入時間概念。

首先，我想先讓各位看看基於目標達成型思維撰寫而成的記事本部分實例（請參照136～141頁）。

之所以這麼做，是因為若在一開始先讓各位看過最終目標，各位就能夠藉此想像接下來會說明什麼樣的內容，對正文的理解也會更加順暢。

記事本上寫的內容本身不看也可以，我希望各位盡量以輕鬆的態度瀏覽，搞不好會在不經意間衍生「原來實行時要注意這一點」、「要深入研究到這個程度嗎」之類的心得。

小理想	國文大考：建立適用解題法→保障取得無關年份的固定分數。約略六成／數學：透過練習題，提高對未知問題的應對能力→貼近學測／繼續背誦功課：別在背誦題上丟分＋增加對敘述題的應對能力。背誦題拿到九成以上／週末模擬考：目標是綜合偏差值70以上，各科成績頂標	
小現況	放學後和朋友一起休息，所以自習的時間比預期還少 →因為不想縮減這段時間，所以必須在這個基礎上做規劃	國文稍微搞懂了一些解題手法。不知不覺就有感覺了，要多注意／大學的學長姐說我○○○→也許確實如此，應該反省
小現況	數學題很簡單，所以全部順利完成，但是回家後不太能用功讀書 →最好自習到一定程度後再回家。到晚上九點左右？	國文歷屆試題：生字還沒記住。如果生字不懂的話就無從談起，所以在模擬考前最好先確認一下生字表。文言文意外可以單憑生字暴力解題？
小現況	把家裡當作睡覺的地方就好。今天很專心讀書 →可能有必要藉由定期改變環境來重振精神	國文歷屆試題：雖然我一直認為文言文跟現代白話文沒什麼關係，但既然本質上一樣，可以說解題方法也沒什麼兩樣。應該都當作「國文」互相學習／ 數學：這本評量的難度很低，最好換一本
小現況	雖然有找到水準比較高的評量，但是否有必要做到這種程度還是個問題。這一點要透過模擬考來確認。總之在模擬考前先別做數學好了／	姑且好像看到了國文的願景，就直接去考模擬考看看吧

週計畫表　考生版其之一（週一～週四）

中方法論 以過去5年的歷屆試題為目標（做到能建立解題手法為止）／數學評量1天做5題左右／世界史教科書共5本，1天讀1章左右／英文單字書與漢字——讀到4分之1左右（用1個月整本讀1遍）
※因為是模擬考前，需隨機應變

一 Mon

時間：8　10　12　14　16　18　20　22　24

[預定]	上學		自習	回家	晚餐	自習	休息
[實行]	上學	休息	自習	回家	晚餐	自習	休息

小方法論 國文歷屆試題1年份→○／數學5題→△3題／世界史→○／英文單字與漢字→○

二 Tue

時間：8　10　12　14　16　18　20　22　24

[預定]	上學	休息	自習	回家	晚餐	自習	休息
[實行]	上學	休息	自習	回家	晚餐	自習	休息

小方法論 國文歷屆試題1年份→○／數學5題→○／世界史→○／英文單字與漢字→○

三 Wed

時間：8　10　12　14　16　18　20　22　24

[預定]	上學	休息	自習	回家	晚餐	休息
[實行]	上學	休息	自習	回家	晚餐	休息

小方法論 國文歷屆試題1年份→○／數學5題→○／世界史→○／文言文生字（40頁中的20頁）／英文單字與漢字→○

四 Thu

時間：8　10　12　14　16　18　20　22　24

[預定]	上學	書店	自習	回家	晚餐	休息
[實行]	上學	書店	自習	回家	晚餐	休息

小方法論 採購新的數學評量／國文歷屆試題1年份→○／世界史→○／文言文生字（40頁裡剩下的20頁）→○／英文單字與漢字→○

小理想	國文大考：建立適用解題法→保障取得無關年份的固定分數。約略六成／數學：透過練習題，提高對未知問題的應對能力→貼近學測／繼續背誦功課：別在背誦題上丟分＋增加對敘述題的應對能力。背誦題拿到九成以上／週末模擬考：目標是綜合偏差值70以上，各科成績頂標	
小現況	英文：雖然看起來好像能行，但最近都沒怎麼碰，不曉得會考成怎樣。需在模擬考時確認／世界史、地理都是背誦科目，應該不會在這裡掉分吧？／在數學上花了很多時間，成績可不能掉下來／	要在國文考試上確認適用解題法是否有效
小現況	國語：文言文是個問題。雖然做了歷屆試題的練習和生字的複習，但由於練習得太少，所以還沒辦法順利答題。這種做法似乎有極限，所以還是趕快把心思放在鑽研文言文上會比較好。總之這個月就先訂為調	整反省期。就不必依賴白話文了／數學：恐怕接近滿分。但因為難度相當低，所以成績在前段班的人應該都能拿到分，沒能做出差距。一想到目前為止所花費的時間，就感覺拿到這個分數也很正常
小現況	英語：聽力和小說閱讀的得分太低。是因為時間充裕所產生的鬆懈，還是先入為主的想法造成小說閱讀上的錯誤？還有，我本來規劃5分鐘的時間預讀聽力題目，但是來不及，無法長時間專心造成聽力題錯誤	白出。其他部分都接近滿分。小說閱讀和聽力也該以同樣的方向來探討才是／地理：數據判讀失誤，分數飛了。要提高地理思考能力，還是把數據背起來？→沒時間，直接記誦更適合自己，就選後者吧
中現況	總之先把要做的事做完了。國文的解題法還有待研究。數學雖然朝著提高難度的方向進行，但與其他科目相比優先度較低。模擬考的背誦題幾乎都沒有失分，所以背誦功課維持原樣（在要背誦的內容裡追加地理數據）。 首要問題是英文聽力和小說閱讀。這部分先繼續以跟其他題型一樣的方向進行檢討，直到看得見願景為止	

週計畫表　考生版其之二（週五～週日）

中方法論 以過去5年的歷屆試題為目標（做到能建立解題手法為止）／
數學評量1天做5題左右／世界史教科書共5本，1天讀1章左右／
英文單字書與漢字——讀到4分之1左右（用1個月整本讀1遍）
※因為是模擬考前，需隨機應變

五 Fri

時間軸：8　10　12　14　16　18　20　22　24

	8–16					
[預定]	上學	休息	自習	回家	晚餐	休息
[實行]	上學	休息	自習	回家	晚餐	休息

小方法論 模考前：稍微複習一下所有科目

六 Sat [模考第1天]

時間軸：8　10　12　14　16　18　20　22　24

預定	模擬考	回家	休息	複習	晚餐	複習	休息
實行	模擬考	回家	休息	複習	晚餐	複習	休息

小方法論 模考第1天：國語和數學／複習

日 Sun [模考第2天]

時間軸：8　10　12　14　16　18　20　22　24

預定	模擬考	回家	休息	複習	晚餐	複習	休息
實行	模擬考	回家	休息	複習	晚餐	複習	休息

小方法論 模考第2天：英文、世界史和地理／複習以及決定今後方向

MEMO

大方法論

英文：英語單字書2本，文法參考書1本，英文詳解1本／國文：每週做3回歷屆試題。模擬考前再稍微增加一些。除了練習做題以外，也用歷屆試題後面的附錄進行基本項目的複習／地理：以3本地理課本為主軸，希望進度能推進到一半左右。把感覺好像有用的敘述抄在筆記本上／世界史：以4本課本為中心複習。主要的2本在這個月要讀一遍以上。地理也一樣。大型的敘述題只需在補習班預習跟複習就好／其他：背誦功課和數學題練習

2	3	4	5	→ 中現況
9	10	11	12	→ 中現況
16	17	18	19	→ 中現況
23	24	25	26	→ 中現況
30	31	1	2	→ 中現況

大現況 決定了今後的方向。已經沒有模擬考可以考了，必須自己劃分範圍才行／英文：背誦工作已完成。不過在模擬考上發現小說閱讀跟聽力不太妙，所以要在這裡多下點工夫／國文：沒來得及趕上模擬考。雖然會以同樣的方向繼續努力，但文言文的部分可能需要在某個階段放棄止損。下個月中旬來研究一下／地理和世界史：在模擬考中發揮了不錯的效果，所以繼續複習課本。另外，必須增加地理數據的背誦

下個月→

月計畫表 考生版

大理想 →	中理想		
考上東大。在聯合入學考試和各校複試獲得450分以上	為了配合本月底的模擬考進行所有科目的調整十訂定通過模擬考後的未來方向／在模擬考獲得超過70的偏差值／建立各科不同範圍的適用解題法／將課本的文言文背起來，以便用死記來應付社會敘述題。完成基本項目的背誦		
小理想 → 中方法論	29	30	1
小理想 → 中方法論	6	7	8
小理想 → 中方法論	13	14	15
小理想 → 中方法論	20	21	22
小理想 → 中方法論	27	28	29

MEMO

分析現況的實行——結合時間概念

首先是現況分析。

在談論時間之前，讓我們先稍微回顧一下「策略」篇中所提到的現況分析實踐步驟：

STEP1：把大問題拆成能解決的小問題。
STEP2：分析拆解細化後的問題，了解失敗與失敗的原因。
STEP3：將目光放在成功與成功的原因上。

雖然單憑這幾個步驟，就能在一定程度上付諸實踐了，但如果不清楚訂定什麼時候要做的話計畫就不夠充分，這也是事實。

舉個例子，假設我在這裡說「參考上述步驟，然後在自己想做的時候做就可以了！」

的話，想必很多人都不會實際去執行吧。

這麼一來，各位讀這本書的時間就白白浪費了。

而且這麼一來就跟不知道該在什麼時候進行查核（C）的PDCA循環沒有兩樣。日本人常說「今日事不知何時畢的都是笨蛋」。

但話雖如此，好像也沒有「何時開工？就是現在！」的打算。我覺得「馬上去做！」的幹勁是很重要的，但有時光只有幹勁也很難真正實踐。必須在適當的時機，採取適當的推進方式才行。

換言之，就是必須事先決定什麼時候進行現況分析，然後再以此為基礎繼續向前邁進。確實安排好時間，這個動作具有逼迫原本懶惰的人類展開行動的強制力。毫不誇張地說，能否確實具備這種時間意識並徹底執行，決定了現況分析的成功與失敗。

那麼，具體來說應該以怎樣的時間為單位來分析現況呢？

答案如下：

大現況分析：以這個月為基礎，分析自己當前的狀況
中現況分析：以這一週為基礎，分析自己當前的狀況
小現況分析：以這一天為基礎，分析自己當前的狀況

也就是說，以月、週、日這三個時間單位來分析現狀就行了。以前我曾經嘗試以各種不同的時間跨度來進行現況分析，但我最終認為這三種時間單位最容易理解，也最容易堅持下去。

此外，如果將大現況分析、中現況分析、小現況分析納入記事本中，就會類似下一頁這樣。

週計畫表 考生版其之一（週一～週四）

中方法論 以過去5年的歷屆試題為目標（做到能建立解題手法為止）／數學評量1天做5題左右／世界史教科書共5本，1天讀1章左右／英文單字書與漢字—讀到4分之1左右（用1個月整本讀1遍）
※因為是模擬考前，需隨機應變

小理想 國文大考：建立適用解題法→保障取得無關年份的固定分數，約略六成／數學：透過練習題，提高對未知問題的應對能力→貼近學測／繼續背誦功課：列在背誦題上丟分十增加對敘述題的應對能力，背誦題拿到九成以上／週末模擬考：目標是綜合偏差值70以上，各科成績頂標

一 Mon（8 10 12 14 16 18 20 22 24）

- [預定] 上學｜自習｜回家｜晚餐｜自習｜休息
- [實行] 上學｜休息｜自習｜回家｜晚餐｜自習｜休息

小方法論 國文歷屆試題1年份→○／數學5題→△3題／世界史→○／英文單字與漢字→○

小現況 放學後和朋友一起休息，所以自習的時間比預期還少→因為不想縮減這段時間，所以必須在這個基礎上做規劃

國文稍微搞懂了一些解題手法，不知不覺就有感覺了，要多注意／大學的學長姐說我○○○→也許確實如此，應該反省

二 Tue（8 10 12 14 16 18 20 22 24）

- [預定] 上學｜休息｜自習｜回家｜晚餐｜自習｜休息
- [實行] …休息

小方法論 國文…／英文…

以當天為基礎，
分析自己當前的狀況

小現況 數學題很簡單，所以全部順利完成，但是回家後不太能用功讀書→最好自習到一定程度後再回家，到晚上九點左右？

國文歷屆試題：生字還沒記住，如果生字不懂的話就無從談起，所以在模擬考前最好先確認一下生字表，文言文意外可以單憑生字暴力解題？

三 Wed（8 10 12 14 16 18 20 22 24）

- [預定] 上學｜休息｜自習｜回家｜晚餐｜休息
- [實行] 上學｜休息｜自習｜回家｜晚餐｜休息

小方法論 國文歷屆試題1年份→○／數學5題→○／世界史→○／文言文生字（40頁中的20頁）／英文單字與漢字→○

小現況 把家裡當作睡覺的地方就好，今天很專心讀書→可能有必要藉由定期改變環境來重振精神

國文歷屆試題：雖然我一直認為文言文跟現代白話文沒什麼關係，但既然本質上一樣，可以說解題方法也沒什麼兩樣，應該都當作「國文」互相學習／數學：這本評量的難度很低，最好換一本

四 Thu（8 10 12 14 16 18 20 22 24）

- [預定] 上學｜書店｜自習｜回家｜晚餐｜休息
- [實行] 上學｜書店｜自習｜回家｜晚餐｜休息

小方法論 採購新的數學評量／國文歷屆試題1年份→○／世界史→○／文言文生字（40頁裡剩下的20頁）→○／英文單字與漢字→○

小現況 雖然有找到水準比較高的評量，但是否有必要做到這種程度還是個問題，這一點要透過模擬考來確認，總之在模擬考前先列做數學好了／

姑且好像看到了國文的願景，就直接去考模擬考看看吧

週計畫表 考生版其之二（週五～週日）

中方法論 以過去5年的歷屆試題為目標（做到能建立解題手法為止）／數學評量1天做5題左右／世界史教科書共5本，1天讀1章左右／英文單字書與漢字—讀到4分之1左右（用1個月整本讀1遍）
※因為是模擬考前，需隨機應變

小理想 國文大考：建立適用解題法→保障取得無關年份的固定分數，約略六成／數學：透過練習題，提高對未知問題的應對能力→貼近學測／繼續背誦功課：列在背誦題上丟分十增加對敘述題的應對能力，背誦題拿到九成以上／週末模擬考：目標是綜合偏差值70以上，各科成績頂標

五 Fri（8 10 12 14 16 18 20 22 24）

- [預定] 上學｜休息｜自習｜回家｜晚餐｜休息
- [實行] 上學｜休息｜自習｜回家｜晚餐｜休息

小方法論 模考前：稍微複習一下所有科目

小現況 英文：雖然看起來好像能行，但最近都沒怎麼碰，不曉得會考成怎樣，需在模擬考時確認／世界史、地理都是背誦科目，應該不會在這裡掉分吧？／在數學上花了很多時間，成績可不能掉下來／

要在國文考試上確認適用解題法是否有效

六 Sat [模考第1天]（8 10 12 14 16 18 20 22 24）

- 模擬考｜回家｜休息｜複習｜晚餐｜複習｜休息
- 模擬考｜回家｜休息｜複習｜晚餐｜複習｜休息

小方法論 模考第1天：國語和數學／複習

小現況 國語：文言文是個問題，雖然做了歷屆試題的練習和生字的複習，但由於練習得太少，所以還沒辦法順利答題，這種做法似乎有極限，所以還是趕快把心思放在鑽研文言文上會比較好，總之這個月就先訂為調

整反省期，就不必依賴白話文了／數學：恐怕接近滿分，但因為難度相當低，所以成績在前段班的人應該都能拿到分，沒能做出差距，一想到目前為止所花費的時間，就感覺拿到這個分數也很正常

日 Sun [模考第2天]（8 10 12 14 16 18 20 22 24）

- 模擬考｜回家｜休息｜複習｜晚餐｜複習｜休息
- 模擬考｜回家｜休息｜複習｜晚餐｜複習｜休息

小方法論 模考第2天：英文、世界史和地理／複習以及決定今後方向

小現況 英語：聽力和小說閱讀的得分太低，是因為時間充裕所產生的鬆懈，還是先入為主的想法造成小說閱讀上的錯誤？還有，我本來規劃5分鐘的時間預讀聽力題目，但是來不及，無法長時間專心造成聽力題錯誤

自由，其他部分都接近滿分，小說閱讀和聽力也該以同樣的方向來探討才是／地理：數據判讀失誤，分數飛了，要提高地理思考能力，還是把數據背起來？→沒時間，直接記誦更適合自己，就選後者吧

以該週為基礎，
分析自己當前的狀況

MEMO

中現況 總之先把要做的事做完了，國文的解題法還有待研究，數學雖然朝著提高難度的方向進行，但與其他科目相比優先度較低，模擬考的背誦題幾乎都沒有失分，所以背誦功課維持原樣（在要背誦的內容裡追加地理數據），首要問題是英文聽力和小說閱讀，這部分先繼續以跟其他題型一樣的方向進行檢討，直到看得見願景為止

月計畫表　考生版

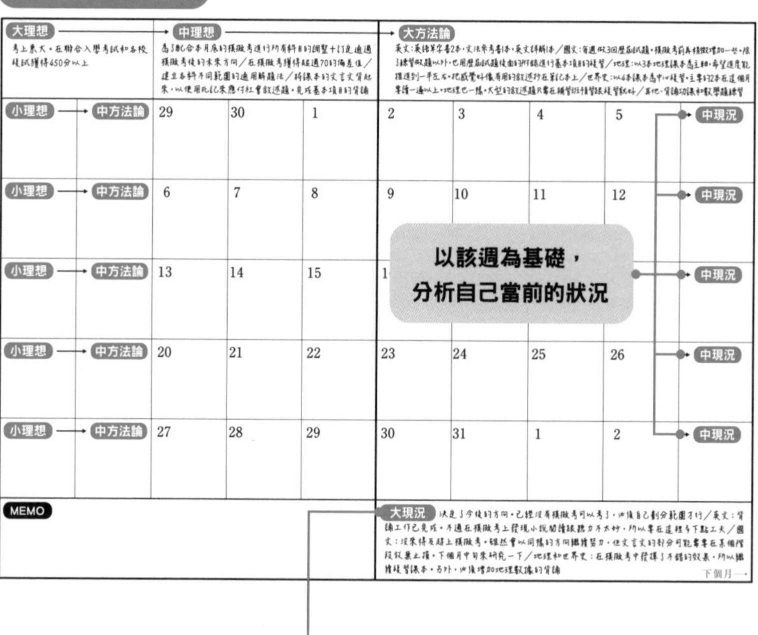

大理想
中理想
大方法論
小理想
中方法論
中現況
以該週為基礎，
分析自己當前的狀況
MEMO
大現況
下個月→
以本月為基礎，
分析自己當前的狀況

不過，這裡有一點需要注意。

那就是這些大、中、小三種的現況分析之間並非毫無關聯。

若從現況分析的角度來看可能很難理解這件事，所以這裡請各位先以時間為單位來思考看看。

一週的期間指的是有七個一天，一個月的期間則是指有四到五個一週。從這三種時間單位的關係來看，便會發現只要將小的時間單位彙總在一起，就變成大的時間單位。這種關聯性同樣適用於三種現況分析上。

簡而言之，將七個小現況分析整合起來就變成中現況分析，把四到五個中現況分析整合起來便是大現況分析。

也許每天反省，也就是將小現況分析做得很好的人不太罕見。但我認為，能以一週或一個月為單位來執行的人，在這世上幾乎沒幾個。

話說回來，每天反省的目的是什麼？是為了「了解真實的自己，以便運用到未來上」對吧？

現況分析與時間單位

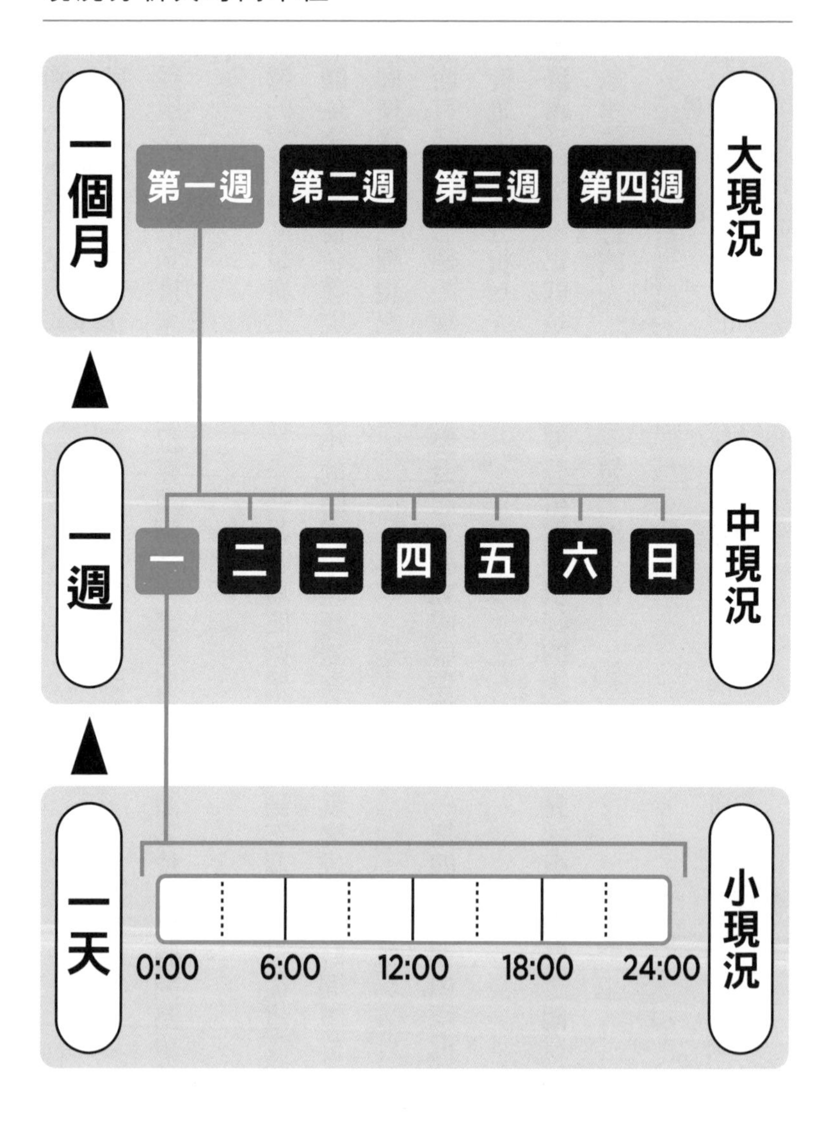
一個月
第一週
第二週
第三週
第四週
大現況
一週
一
二
三
四
五
六
日
中現況
一天
0:00
6:00
12:00
18:00
24:00
小現況

可是，在以一天為單位的反省未經整合又堆積如山的狀態下，想要全數活用這些反省真的容易嗎？

當然這也不是不可能，但數量太多的話，想掌握這些資訊就得花費很多時間，實在麻煩得不得了。

於是，這時中現況分析和大現況分析就派上用場了。透過以一週或一個月這種較長的時間單位來進行現況分析，就不必一一回顧每一個小現況分析，從而更容易將自身的反省應用到未來上。

當然，沒有必要一定得把七個小現況分析加起來變成中現況分析，或是把四到五個中現況分析加起來變成大現況分析。現況分析不是數學，不能進行加法運算。但是，是否能在意識到這三種現況分析的關係下投入心力，對於能否達成目標將產生很大的影響。

POINT

現況分析要以一個月、一週、一天為單位進行。

掌握理想的實行——結合時間概念

接下來是掌握理想。

跟剛才一樣，我們先來複習一下掌握理想的實踐步驟吧。

STEP1：掌握超出自己能力的真正理想。

STEP2：留意理想的成因，確認所掌握的理想是否適切。

STEP3：在掌握好的理想中添加客觀指標。

另外，在PART1中，除了上述內容之外，我還曾告訴各位「細化並設定可以在短期內達成的理想，藉此獲得成就感和滿足感很重要」（請參照92頁）。很多未能明確決定好理想，只是覺得應該繼續向前進的人，他們最後都只考慮到規模較大的理想而已。儘管時間是有限而非無限的。

為了避免這種情況發生，我們必須從一開始就明確訂定好理想的時間單位。那麼，究竟應該以怎樣的時間單位來掌握理想比較好呢？

掌握大理想：掌握自己未來一年後想成為的模樣。
掌握中理想：掌握自己未來一個月後想成為的模樣。
掌握小理想：掌握自己未來一週後想成為的模樣。

答案便是如此。也就是說，要分別思索自己在一年後、一個月後及一週後想變成什麼樣子。

還有，若將掌握大理想、掌握中理想、掌握小理想套用在記事本上，就會變成像下一頁這樣。

週計畫表　考生版其之一（週一～週四）

中方法論
以過去5年的歷屆試題為目標（做到能建立解題手法為止）／
數學評量1天做5題左右／世界史教科書共5本，1天讀1章左右／
英文單字書與漢字──讀到4分之1左右（用1個月整本讀1遍）
※因為是模擬考前，需隨機應變

小理想
國文大考：建立適用解題法→保障取得無關年份的固定分數，約略六成／數學：透過練習題，提高對未知問題的應對能力→貼近學測／繼續背誦功課：別在背誦題上丟分＋增加對敘述題的應對能力，背誦題拿到九成以上／週末模擬考：目標是綜合偏差值70以上，各科成績頂標

一 Mon

	8–16	16	16–20	20	20–22	22	24
[預定]	上學		自習	回家	晚餐	自習	休息
[實行]	上學	休息	自習	回家	晚餐	自習	休息

小方法論 國文歷屆試題1年份→○／數學5題→△3題／世界史→○／英文單字與漢字→○

小現況 數學後和朋友一起休息，所以自習的時間比預期還少→因為不想縮減這段時間，所以必須在這個基礎上做規劃

國文稍微搞懂了一些解題手法，不知不覺就有感覺了，要多注意／大學的學長姐說我○○○→也許確實如此，應該反省

二 Tue

	8–16	16	16–20	20	20–22	22	24
[預定]	上學	休息	自習	回家	晚餐	自習	休息
[實行]							休息

小方法論 國… 英…

掌握自己未來一週後想成為的模樣

小現況 數學題很簡單，所以全部順利完成，但是回家後不太能用功讀書→最好自習到一定程度後再回家，到晚上九點左右？

國文歷屆試題：主字還沒記住，如果主字不懂的話就無從談起，所以在模擬考前最好先確認一下主字表，文言文意外可以單憑主字蠻力解題？

三 Wed

	8–16	16	16–22	22	22–23	24
[預定]	上學	休息	自習	回家	晚餐	休息
[實行]	上學	休息	自習	回家	晚餐	休息

小方法論 國文歷屆試題1年份→○／數學5題→○／世界史→○／文言文主字（40頁中的20頁）／英文單字與漢字→○

小現況 把家裡當作睡覺的地方就好，今天很專心讀書→可能有必要藉由定期改變環境來重振精神

國文歷屆試題：雖然我一直認為文言文跟現代白話文沒什麼關係，但既然本質上一樣，可以說解題方法也沒什麼兩樣，應該都當作「國文」互相學習／數學：這本評量的難度很低，最好換一本

四 Thu

	8–16	16–18	18–22	22	22–23	24
[預定]	上學	書店	自習	回家	晚餐	休息
[實行]	上學	書店	自習	回家	晚餐	休息

小方法論 採購新的數學評量／國文歷屆試題1年份→○／世界史→○／文言文主字（40頁裡剩下的20頁）→○／英文單字與漢字→○

小現況 雖然有找到水準比較高的評量，但是否有必要做到這種程度還是個問題，這一點要透過模擬考來確認，總之在模擬考前先別做數學好了／

姑且好像看到了國文的願景，就直接去考模擬考看看吧

週計畫表　考生版其之二（週五～週日）

中方法論
以過去5年的歷屆試題為目標（做到能建立解題手法為止）／
數學評量1天做5題左右／世界史教科書共5本，1天讀1章左右／
英文單字書與漢字──讀到4分之1左右（用1個月整本讀1遍）
※因為是模擬考前，需隨機應變

小理想
國文大考：建立適用解題法→保障取得無關年份的固定分數，約略六成／數學：透過練習題，提高對未知問題的應對能力→貼近學測／繼續背誦功課：別在背誦題上丟分＋增加對敘述題的應對能力，背誦題拿到九成以上／週末模擬考：目標是綜合偏差值70以上，各科成績頂標

五 Fri

	8–16	16	16–20	20	20–22	22–24
[預定]	上學	休息	自習	回家	晚餐	休息
[實行]	上學	休息	自習	回家	晚餐	休息

小方法論 模考前：稍微複習一下所有科目

小現況 英文：雖然看起來好像能行，但最近都沒怎麼碰，不曉得會考成怎樣，需在模擬考時確認／世界史、地理都是背誦科目，應該不會在這裡掉分吧？／在數學上花了很多時間，成績可不能掉下來／

要在國文考試上確認適用解題法是否有效

六 Sat [模考 第1天]

	8–16	16	16–18	18–20	20	20–22	22–24
[預定]	模擬考	回家	休息	複習	晚餐	複習	休息
[實行]	模擬考	回家	休息	複習	晚餐	複習	休息

小方法論 模考第1天：國語和數學／複習

小現況 國語：文言文是個問題，雖然做了歷屆試題的練習和主字的複習，但由於練習得太少，所以還沒辦法順利答題，這種做法似乎有極限，所以還是趕快把心思放在鑽研文言文上會比較好，總之這個月就先訂為目

標反省期，就不必依賴白話文了／數學：恐怕接近滿分，但因為難度相當低，所以成績在前段班的人應該都能拿到分，沒能做出差距，一想到目前為止所花費的時間，就感覺拿到這個分數也很正常

日 Sun [模考 第2天]

	8–16	16	16–18	18–20	20	20–22	22–24
[預定]	模擬考	回家	休息	複習	晚餐	複習	休息
[實行]	模擬考	回家	休息	複習	晚餐	複習	休息

小方法論 模考第2天：英文、世界史和地理／複習以及決定今後方向

小現況 英語：聽力和小說閱讀的得分太低，是因為時間充裕所產生的鬆懈，還是先入為主的想法造成小說閱讀上的錯誤？還有，我本來規劃5分鐘的時間預讀聽力題目，但是來不及，無法長時間專心造成聽力題錯誤

自由，其他部分都接近滿分，小說閱讀和聽力也該以同樣的方向來探討才是／地理：數據判讀失誤，分數屏了，要提高地理思考能力，還是把數據背起來？→沒時間，直接記誦更適合自己，就選後者吧

MEMO

中現況 總之先把要做的事做完了，國文的解題法還有待研究，數學雖然朝著提高難度的方向進行，但與其他科目相比優先度較低，模擬考的背誦題幾乎都沒有失分，所以背誦功課維持原樣（在要背誦的內容裡追加地理數據），
當務之急是英文聽力和小說閱讀，這部分先繼續以跟其他題型一樣的方向進行檢討，直到看得見願景為止

掌握自己未來一個月後想成為的模樣

月計畫表　考生版

掌握自己未來一年後想成為的模樣

在前面的現況分析中，我們將以天為單位的現況分析（即「小現況分析」）整合成以週為單位的現況分析（即「中現況分析」），再將其歸納為以月為單位的現況分析（即「大現況分析」）。這次則相反，是由大到中。由中至小，意識到這個流向很重要。

也就是這個意思：先以一年為單位，將理想分成十二個。然後，為了確保能在一年後達成目標，就要意識到「想用這一個月變成怎麼樣的人」，掌握以一個月為單位的理想。接下來，將這些內容拆成四到五個，為了確保能在一個月後達成目標，就要意識到「想用這一週變成怎麼樣的人」，掌握以一週為單位的理想。

此外，不需要將理想嚴格拆成十二個或四到五個。這裡的重點是從遙遠的理想倒推回來，把握較近的理想，並以此為基礎努力。

「不用像現況分析那樣，以一天為單位考慮理想的內容嗎？」

讀到這裡，也許有人會這樣想。

當然，我並不是輕視以一天為單位的理想。有些人認為，要想獲得每天都在進步的充

掌握理想與時間單位

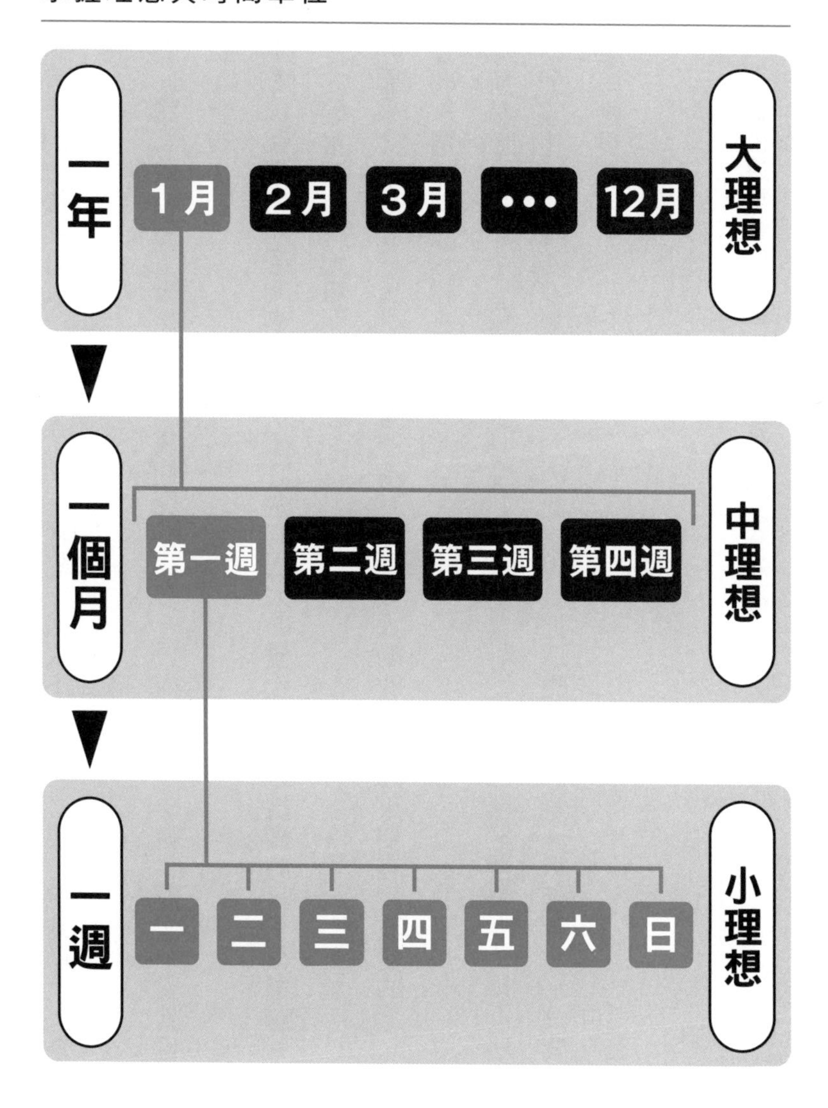

實感，最好的方法就是以一天為單位掌握理想。但我不認為有必要考慮到以一天為單位的理想。

在此想請各位停下來想一想，我們究竟能在一天內改變多少呢？僅僅一天就可以產生很大的改變嗎？

當然，在發生什麼大事的日子或許會有很大的變化，可是這樣的日子很稀有。正因為難得，才能被稱為「大事」。

到頭來，人類在一天之內還是不會有什麼太大的改變。如果要有所改變的話，我覺得至少要有一週的時間。

如果草率地以一天為單位來考量理想，就有更高的可能性要面對無法接近理想的自己。要是因此而氣餒就本末倒置了。因此才說掌握理想要以一年、一個月、一週為單位進行，這一點很重要。

POINT

掌握理想要以一年、一個月、一週為單位規劃。

建構方法論的實行——結合時間概念

最後是建構方法論。

建構方法論的實踐步驟如下所示：

STEP1：將自己想得到的「該做的事」和「想做的事」統統寫下來。

STEP2：考量各個方法論之間的關聯性，盡可能縮減數量。

STEP3：從「時間」和「與理想的距離」來斟酌優先順序。

所謂的建構方法論，簡而言之就是去思考「具體要做什麼」，因此相較於分析現況或掌握理想，時間這項要素對它來說更加重要。

適合建構方法論的時間單位如下：

建構大方法論：決定這個月自己具體應該做些什麼。
建構中方法論：決定這一週自己具體應該做些什麼。
建構小方法論：決定這一天自己具體應該做些什麼。

正如各位所見，建構方法論與分析現況一樣，最後都是以一天為單位來落實的。以天為單位來實施，代表要把決定在一個月內（即四到五週）做的事情分成四到五個，思考一週內（即七天）該做什麼，再將一週要做的事情分成七個，去考慮要在一天內做些什麼。

另外，若將建構大方法論、建構中方法論、建構小方法論運用在記事本中，就會像下一頁這樣。

週計畫表　考生版其之一（週一～週四）

中方法論　以過去5年的歷屆試題為目標（做到能建立解題手法為止）／數學評量1天做5題左右／世界史教科書共5本，1天讀1章左右／英文單字書與漢字—讀到4分之1左右（用1個月整本讀1遍）
※因為是模擬考前，需隨機應變

小理想　國文大考：建立適用解題法→保障取得無關年份的固定分數，約略六成／數學：透過練習題，提高對未知問題的應對能力→貼近學測／繼續背誦功課：別在背誦題上丟分＋增加對敘述題的應對能力，背誦題拿到九成以上／週末模擬考：目標是綜合偏差值70以上，各科成績頂標

時間	8	10	12	14	16	18	20	22	24
一 Mon [預定]	上學				自習		回家／晚餐	自習	休息
一 Mon [實行]	上學				休息／自習		回家／晚餐	自習	休息

小方法論　國文歷屆試題1年份→○／數學5題→△3題／世界史→○／英文單字與漢字→○

小現況　放學後和朋友一起休息，所以自習的時間比預期還少→因為不想縮減這段時間，所以必須在這個基礎上做規劃

國文稍微搞懂了一些解題手法，不知不覺就有感覺了，要多注意／大學的學長姐說我○○○→也許確實如此，應該反省

時間	8	10	12	14	16	18	20	22	24
二 Tue [預定]	上學				休息／自習		回家／晚餐	自習	休息
二 Tue [實行]	上學				休息／自習		回家／晚餐／自習		休息

小方法論　國文歷屆試題1年份→○／數學5題→○／世界史→○／英文單字與漢字→○

小現況　數學題很簡單，所以全部順利完成，但是回家後不太能用功讀書→最好自習到一定程度後再回家，到晚上九點左右？

國文歷屆試題：生字還沒記住，如果生字不懂的話就無從談起，所以在模擬考前最好先確認一下生字表，文言文意外可以單憑生字暴力解題？

時間	8	10	12	14	16	18	20	22	24
三 Wed [預定]	上學				休息／自習			回家／晚餐	休息
三 Wed [實行]	上學				休息／自習			回家／晚餐	休息

小方法論　國文歷屆試題1年份→○／數學5題→○／世界史→○／文言文生字（40頁中的20頁）／英文單字與漢字→○

小現況　把家裡當作睡覺的地方就好，今[illegible]→可能[illegible]環境來[illegible]

國文歷屆試題：雖然我一直認為文言文[illegible]，但既然本質[illegible]也沒什麼兩[illegible]相學習／[illegible]低，最好換一[illegible]

時間	8	10	12	14	16	18	20	22	24
四 Thu [預定]	上學				書店	自習		回家／晚餐	休息
四 Thu [實行]	上學				書店	自習		回家／晚餐	休息

小方法論　採購新的數學評量／國文歷屆試題1年份→○／世界史→○／文言文生字（40頁裡剩下的20頁）→○／英文單字與漢字→○

小現況　雖然有找到水準比較高的評量，但是否有必要做到這種程度還是個問題，這一點要透過模擬考來確認，總之在模擬考前先別做數學好了／

姑且好像看到了國文的願景，就直接去考模擬考看看吧

決定自己在這一週具體應該做些什麼

週計畫表　考生版其之二（週五～週日）

中方法論　以過去5年的歷屆試題為目標（做到能建立解題手法為止）／數學評量1天做5題左右／世界史教科書共5本，1天讀1章左右／英文單字書與漢字—讀到4分之1左右（用1個月整本讀1遍）
※因為是模擬考前，需隨機應變

小理想　國文大考：建立適用解題法→保障取得無關年份的固定分數，約略六成／數學：透過練習題，提高對未知問題的應對能力→貼近學測／繼續背誦功課：別在背誦題上丟分＋增加對敘述題的應對能力，背誦題拿到九成以上／週末模擬考：目標是綜合偏差值70以上，各科成績頂標

時間	8	10	12	14	16	18	20	22	24
五 Fri [預定]	上學				休息／自習		回家／晚餐		休息
五 Fri [實行]	上學				休息／自習		回家／晚餐		休息

小方法論　模考前：稍微複習一下所有科目

小現況　英文：雖然看起來好像能行，但最近都沒怎麼碰，不曉得會考成怎樣，需在模擬考時確認／世界史、地理都是背誦科目，應該不會在這裡掉分吧？／在數學上花了很多時間，成績可不能掉下來／

要在國文考試上確認適用解題法是否有效

時間	8	10	12	14	16	18	20	22	24
六 Sat [模考第1天]	模擬考				回家／休息	複習	晚餐／複習		休息
六 Sat	模擬考				回家／休息	複習	晚餐／複習		休息

小方法論　模考第1天：國語和數學／複習

小現況　國語：文言文是個問題，雖然做了歷屆試題的練習和生字的複習，但由於練習得太少，所以還沒辦法順利答題，這種做法似乎有極限，所以還是趕快把心思放在鑽研文言文上會比較好，總之這個月就先訂為網[illegible]

望反省期，就不必依賴白話文了／數學：恐怕接近滿分，但因為難度相當低，所以成績在前段班的人應該都能拿到分，沒能做出差距，一想到目前為止所花費的時間，就感覺拿到這個分數也很正常

時間	8	10	12	14	16	18	20	22	24
日 Sun [模考第2天]	模擬考				回家／休息	複習	晚餐／複習		休息
日 Sun	模擬考				回家／休息	複習	晚餐／複習		休息

小方法論　模考第2天：英文、世界史和地理／複習以及決定今後方向

小現況　英語：聽力和小說閱讀的得分太低，是因為時間充裕所產生的鬆懈，還是先入為主的想法造成小說閱讀上的錯誤？還有，我本來規劃5分鐘的時間預讀聽力題目，但是來不及，無法長時間專心造成聽力題錯誤

自由，其他部分都接近滿分，小說閱讀和聽力也該以同樣的方向來探討才是／地理：數據判讀失誤，分數掉了，要提高地理思考能力，還是把數據背起來？→沒時間，直接記誦更適合自己，就選後者吧

MEMO

中現況　總之先把要做的事做完了，國文的解題法還有待研究，數學雖然朝著提高難度的方向進行，但與其他科目相比優先度較低，模擬考的背誦題幾乎都沒有失分，所以背誦功課維持原樣（在要背誦的內容裡追加地理數據）。
首要問題是英文聽力和小說閱讀，這部分先繼續以跟其他題型一樣的方向進行檢討，直到看得見願景為止

決定自己在這一天具體應該做些什麼

決定自己在這個月
具體應該做些什麼

月計畫表　考生版

大理想
考上東大。在聯合入學考試和各校複試獲得450分以上

中理想
為了配合本月底的模擬考進行所有科目的調整+訂定通過模擬考後的未來方向／在模擬考獲得超過70的偏差值／建立各科不同範圍的適用解題法／將課本的文言文背起來，以使用死記來應付社會敘述題。完成基本項目的背誦

大方法論
英文：英語單字書2本、文法參考書1本、英文詳解1本／國文：每週做3回歷屆試題。模擬考前再稍微增加一些。除了練習做題以外，也用歷屆試題後面的附錄進行基本項目的複習／地理：以3本地理課本為主軸，希望進度能推進到一半左右。把感覺好像有用的敘述抄在筆記本上／世界史：以4本課本為中心複習。主要的2本在這個月要讀一遍以上。地理也一樣。大型的敘述題只需在補習班練習跟複習就好／其他：背誦功課和數學題練習

小理想	中方法論								中現況
小理想 →	中方法論	29	30	1	2	3	4	5	→ 中現況
小理想 →	中方法論	6	7	8	9	10	11	12	→ 中現況
小理想 →	中方法論	13	14	15	16	17	18	19	→ 中現況
小理想 →	中方法論	20	21	22	23	24	25	26	→ 中現況
小理想 →	中方法論	27	28	29	30	31	1	2	→ 中現況

MEMO

大現況
決定了今後的方向。已經沒有模擬考可以考了，必須自己劃分範圍才行／英文：背誦工作已完成。不過在模擬考上發現小說閱讀跟聽力不太妙，所以要在這裡多下點工夫／國文：沒來得及趕上模擬考。雖然會以同樣的方向繼續努力，但文言文的部分可能要在某個階段就暫止損。下個月中旬來研究一下／地理和世界史：在模擬考中發揮了不錯的效果，所以繼續複習課本。另外，必須增加地理數據的背誦

下個月→

決定自己在這一週
具體應該做些什麼

根據我平時的活動來看，能以一個月或一週為單位決定要做什麼，並專心讀書的學生不在少數。但我幾乎沒看過有學生能確實以一天為單位來規劃。那麼為何能落實到以天為單位的人很少呢？

其理由可能因人而異，但我認為最主要的原因之一就是「到頭來什麼也不想做」。

這到底是怎麼回事呢？

原因在於，假使以一個月或一週為單位建構方法論的話，這套方法論或多或少會有些曖昧模糊的部分。

但另一方面，如果細分到以一天為單位來落實的話，該做的事情就會變得很明確，於是實際做不到時所受到的打擊便會更強，而且會產生一種強制執行的力量。

前者和後者，到底哪個對自己來說更輕鬆寫意呢？應該所有人都會回答前者吧。只要是人，可以的話不論是誰都不想受到打擊，也不想面對自己不想做的事。

但是，正如我多次強調的那樣，人類要是只看著長遠的目標，就無法實際付諸行動。

方法論建構與時間單位

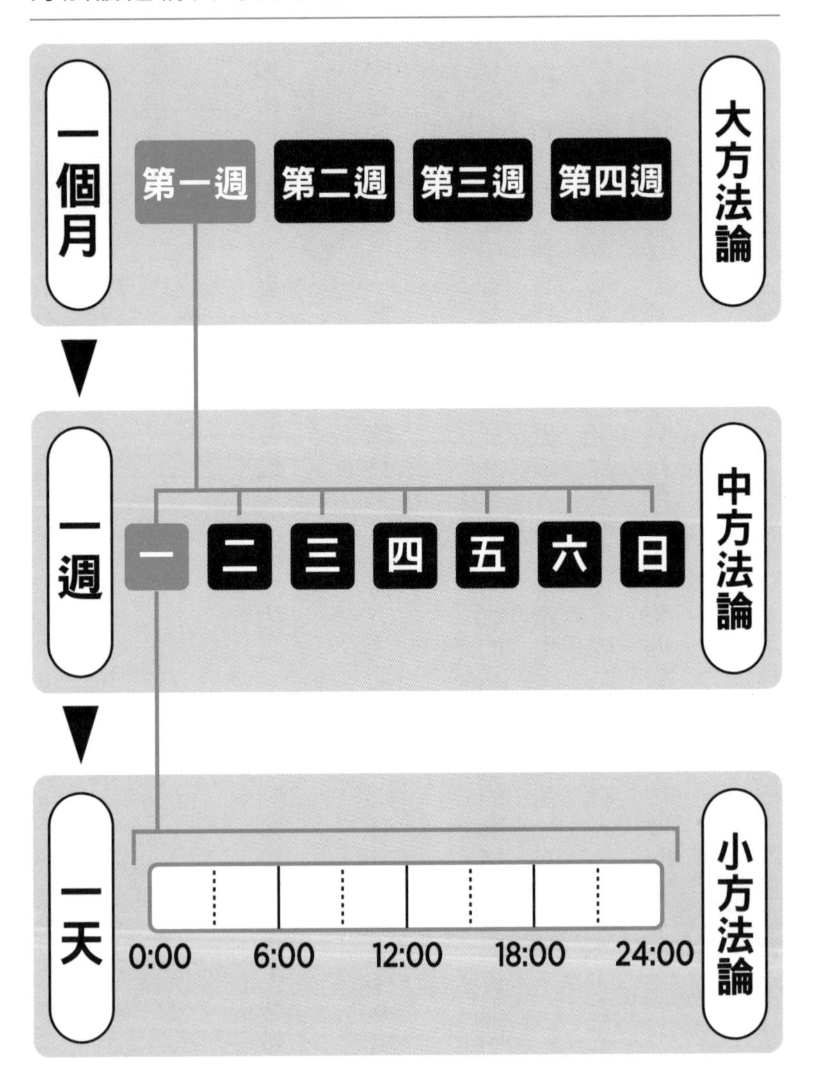
一個月
第一週
第二週
第三週
第四週
大方法論
一週
一
二
三
四
五
六
日
中方法論
一天
0:00
6:00
12:00
18:00
24:00
小方法論

因此，如果僅僅用一個月或一週這種較大的時間單位去想要做什麼的話，很有可能就無法真正做到這些事情，最終只是自我滿足罷了。

要避免發生這種情況，必須至少要以一天為單位，將該做的事項明確化。

POINT

建構方法論要以一個月、一週、一天為單位實施。

複習九大要素

到目前為止，我們歷經〈PART0「目標達成型思維」是什麼？〉、〈PART1「策略」篇〉，然後來到了〈PART2「記事本」篇〉。

其中也許會有人感到不安，覺得「必須記得的實踐步驟，還有必須注意的要點都太多了，自己真的做得到嗎……」。

要是各位都已經感到不安了，我還在這裡說「之前講的內容每個都一樣重要，所以請多讀幾遍，直到自己全部都能注意到為止！」，那跟其他書本也沒什麼區別。

當然，盡可能記住我講過的內容，盡量多花點時間努力意識到更多的事情，這是非常重要的。

但是我想，應該也有很多人沒有那麼多時間可以用在這上面，或是不想把時間都花在這裡吧。

因此，在這個章節，我想幫各位複習一下「只有這個請務必記起來」的九大要素（3×3）。

這些要素包括分析現況、掌握理想和建構方法論這三個主軸，再結合時間便形成下列九項：

①大現況分析：以這個月為基礎，分析自己當前的狀況。
②中現況分析：以這一週為基礎，分析自己當前的狀況。
③小現況分析：以這一天為基礎，分析自己當前的狀況。
④掌握大理想：掌握自己未來一年後想成為的模樣。
⑤掌握中理想：掌握自己未來一個月後想成為的模樣。
⑥掌握小理想：掌握自己未來一週後想成為的模樣。
⑦建構大方法論：決定這個月自己具體應該做些什麼。
⑧建構中方法論：決定這一週自己具體應該做些什麼。
⑨建構小方法論：決定這一天自己具體應該做些什麼。

就算是覺得注意要點很多、很難全部記住的人，若只有這九項的話，應該就會覺得能記得住，自己好像能夠實踐吧？

如果把這九大要素當作彼此無關的東西來記憶，確實是相當困難。但這次其實只要記住分析現況、掌握理想、建構方法論這三個主軸，以及它們分別有大、中、小之分，便能順利記住九項內容了。

這九大要素本身就是目標達成型思維。

再強調一遍，只有這九大要素，請讓自己不需重讀這本書也能馬上回想起來。

其他的要點只要在實踐的過程中遇到瓶頸時再回來確認就好。況且，只要確實遵守這九大要素，就不會發生什麼嚴重的失敗。

一切都是從記住這些要素開始的。

九大要素分別該於何時實踐？

接下來，我將向各位說明這九大要素分別該以什麼時間單位實施。

首先是以一年為單位。這邊要開始掌握大理想。當然，如果沒有「一年後想成為什麼樣的人」這樣的遠大理想，一切都無從談起。

我想很多人已經有了這個部分的理想，但這裡是起點，也是最重要的要素之一，所以請趁這個機會重新思考看看。

接下來是以一個月為單位。我想各位早已熟記在心，不過就讓我們再確認一次吧。

首先第一步是大現況分析，也就是以前一個月為基準做回顧，把握真實的自己。具體來說，就是分析一下「現在能做到什麼，不能做到什麼」以及「為什麼能做到，為什麼不能做到」。

接著以此為基礎來掌握中理想。具體來說就是了解自己「想利用這個月變成什麼樣」和「為什麼想在這個月變成那樣」。

最後，我們要建構大方法論來連結「大現況分析」和「掌握中理想」，意即思考「在這個月具體應該做些什麼」。

做好決定之後就付諸實際行動，結束後再回到大現況分析，反覆實行這個過程。以上三個要素是以月為單位進行的。

接著，讓我們來看看以一週為單位進行的要素。

以週為單位和以月為單位的順序幾乎相同，先是回顧前一週的現況，分析失敗和失敗的理由，以及成功和成功的理由（即「中現況分析」）。

然後是把握「想利用這一週變成什麼樣」（即「掌握小理想」）。

最終去思考「在這一週內具體應該做些什麼」，並付諸實際行動，反覆執行這段過程（即「建構中方法論」）。

在末尾，讓我們確認一下以一天為單位執行的要素。

這裡要進行的是「建構小方法論」和「小現況分析」這兩個要素。因為是以一天為單位，所以這兩個要素每天都要做。

具體而言，一開始要思索「當天具體要做什麼」（即「建構小方法論」）。考慮完這一點以後，就可以付諸實際行動了。

下一步是根據小方法論的實踐或是在當天的生活中注意到的事物，進行小現況分析。換言之，要將行動過程中及行動後所發現的自己的課題等記錄下來。

之後根據記錄的內容，決定第二天具體要做的事情，並進行修正調整，反覆進行同樣的作業就好。

以上就是九大要素與時間單位的對應關係。

覺得「大現況分析」或「建構中方法論」等詞彙比較難記住的人，其實不必記住這些名詞也沒關係。只要大致有個印象，記住以一年、一個月和一週為單位分別要做什麼事情就好，請試試看這個方法。

九大要素該「何時」實施?

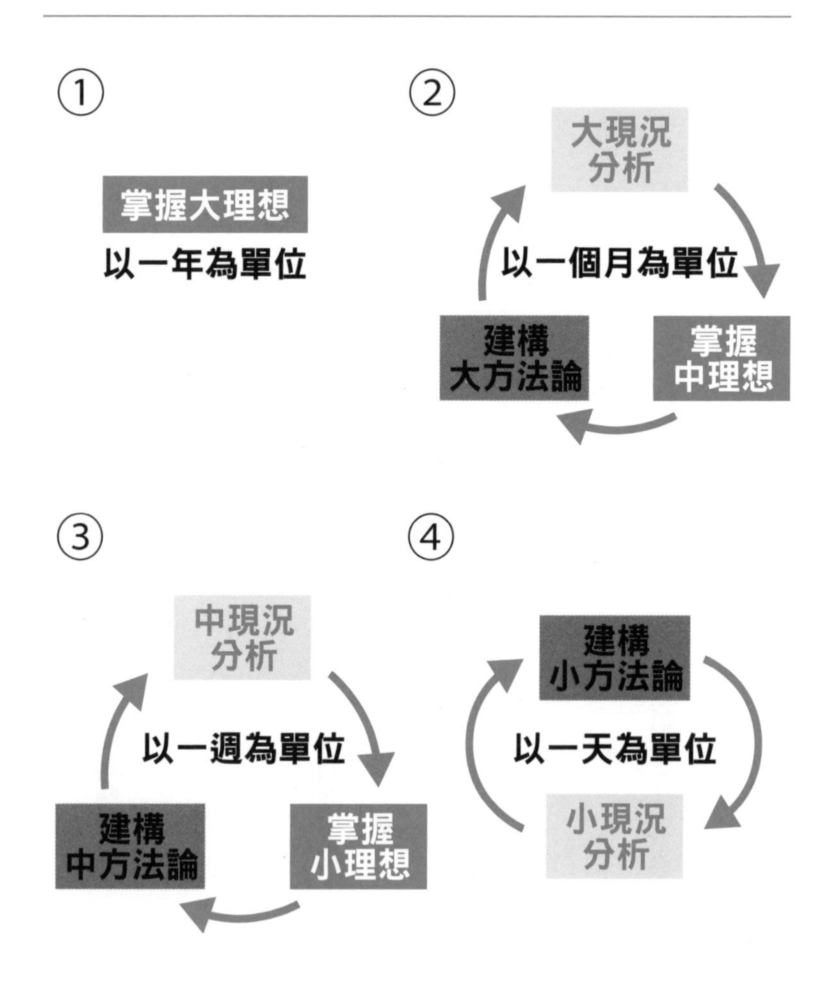
①
掌握大理想
以一年為單位
②
大現況分析
以一個月為單位
掌握中理想
建構大方法論
③
中現況分析
以一週為單位
掌握小理想
建構中方法論
④
建構小方法論
以一天為單位
小現況分析

複習「目標達成型思維」

好的，透過〈PART1「策略」篇〉與〈PART2「記事本」篇〉，我們已然針對目標達成型思維仔細說明了一番。前面我們介紹過分析現況的方法和三大核心的關係圖等多采多姿的內容，為了便於複習，最後我想以圖表的形式總結一下重要內容。

這些都是實現目標達成型思維的關鍵思路。如果尚未完全理解的話，還請各位回到對應的頁數重新了解一下。

另外，我還在書末準備了一份商務版的記事本範例（176～181頁），以及一份空白記事本格式（182～187頁），以供各位將目標達成型思維付諸實踐。為了確實掌握心中的理想，請務必試著運用看看。

※卷頭附錄的空白記事本格式可以剪下來使用。

❸分析現況、掌握理想、建構方法論三大核心之間的關係

若還不明白，
請參照117頁

❹九大要素的實踐

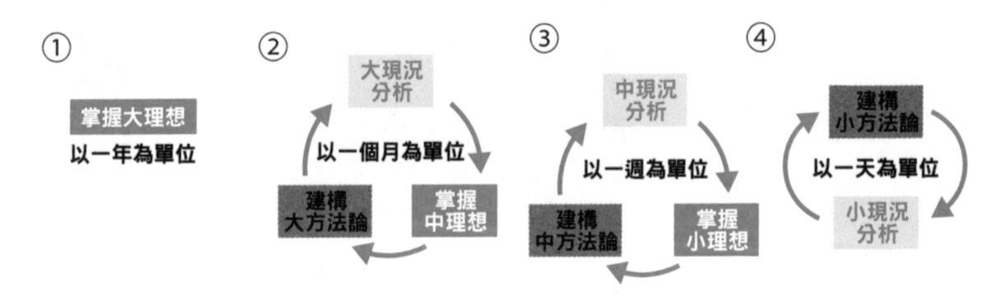

若還不明白，
請參照170頁

實現目標達成型思維的四種關鍵思考

❶分析現況、掌握理想、建構方法論各自的三大步驟

SECTION 1　「分析現況」的複習

POINT1
分析現況並非對自己努力的結果患得患失。

POINT2
對現況的分析，如果不以能重複確認的方式記錄下來就沒有意義。

STEP1
把大問題拆成能解決的小問題。
↓
STEP2
將問題拆解細化，分析失敗與失敗的原因。
↓
STEP3
將目光放在成功與成功的原因上。

SECTION 2　「掌握理想」的複習

POINT1
優秀的人會徹底掌握理想。

POINT2
實踐短期理想，將帶動長期理想的實現。

STEP1
掌握超出自己能力的真正理想。
↓
STEP2
留意理想的成因，確認所掌握的理想是否適切。
↓
STEP3
在掌握好的理想中添加客觀指標。

SECTION 3　「建構方法論」的複習

POINT1
設計一套有時間餘裕的方法論。

POINT2
時時刻刻找尋有沒有待改善的地方，並持續予以修正。

STEP1
將自己想得到的「該做的事」和「想做的事」統統寫下來。
↓
STEP2
考量各個方法論之間的關聯性，盡可能縮減數量。
↓
STEP3
從「時間」和「與理想的距離」來斟酌優先順序。

若還不明白，請參照69頁

若還不明白，請參照93頁

若還不明白，請參照115頁

❷分析現況、掌握理想、建構方法論各自的大中小視角與關聯性

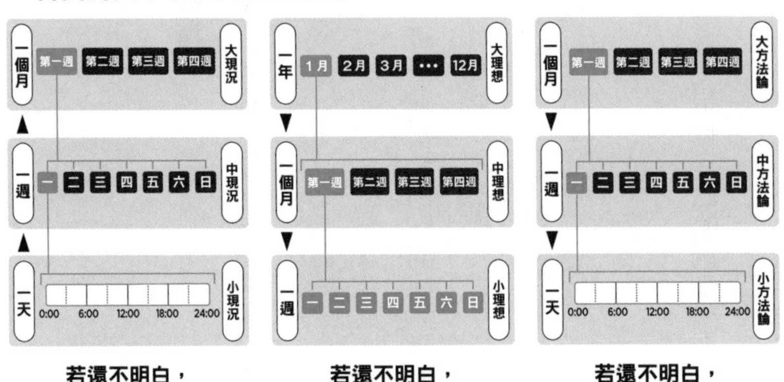

若還不明白，請參照148頁

若還不明白，請參照155頁

若還不明白，請參照162頁

結語

最後，還有一件事我們尚未深入討論，那就是「目標」。明明是目標達成型思維，卻不談「目標」就完結，這是很奇怪的事情，所以我想在最後稍微談論一下。

首先，我希望各位理解的前提是：「理想」和「目標」並不是同一回事。恐怕很多人現在所認為的「目標」，在本書中幾乎都屬於「理想」的範疇。

我認為，「想考上某某大學」、「想在工作上做到某事」等想法，都只是名為「理想」的必經之路，而不是「目標」。

那麼，這個「目標」到底該訂為什麼才好呢？答案是：根據自己的感受想像出來的那個「未來想成為的自己」。

人是藉由自己的人生更貼近理想中的自己，並為了感受幸福而活的。我們活著並不是為了考上大學，也不是為了在工作上取得成功。目標達成型思維的「目標」，就是我們內心渴望成為的自己。

「就算說什麼我想成為的自己，我也搞不懂」可能也有人會這麼想吧。說不定大部分人都是這樣呢。

如果你是這樣的人，不妨在日常生活中傾聽看看自己內心的聲音。即使一開始的聲音很微弱，但只要持續傾聽下去，那個聲音就會愈來愈大。實施目標達成型思維時，不僅要依靠這個微弱的「目標」來努力，更重要的是應該要讓這個「目標」更加清晰，並不斷傾聽自己的聲音。

最後，我衷心希望各位能夠發現自己想用一生去追求的「目標」，並藉著本書所介紹的努力方法，一步步走向這個「目標」。

小理想 •公司內部的專案說明順利完成，藉此成功與客戶磋商（工作） •審視自己未來的職涯方向→要繼續留下來，還是辭職？	
小現況 •專案的說明很難傳達出去 →資料的內容、結構都沒有問題。問題出在表達方式跟說話方式上。應該事先弄明白該如何說話嗎？＝文章化。此外，或許可以試著閱讀幾本關於說話技巧的書	〈TV、YouTube等〉 □◎△
小現況 •買了證照參考書和說話技巧書 →稍微讀了一點	〈讀書心得〉 △△△ •下次想讀的書單紀錄 □□□、×××、……。 〈TV、YouTube等〉 ◎◎◎
小現況 •順利將這邊的說明傳達給對方了。不過雙方的溝通好像有點問題？ →感覺我們互相在理解不足的情況下對話。下次如果還繼續這樣的話相當危險。最好積極反問和歸納對方論點，主動親近對方比較好	〈讀書心得〉 ○△□……
小現況 〈聚餐上〉 有證照的人多半採用□×◎的工作方式。□△○…… →也許該轉換跑道了	〈讀書心得〉 感覺這個考試不像大家說的那麼難 →用兩個月準備就夠了吧。或者下班後去咖啡廳準備，弄完再回家？

週計畫表　商務版其之一（週一～週四）

中方法論

- 工作
- 利用零碎時間讀完一本證照參考書

一 Mon

時間：8　10　12　14　16　18　20　22　24

上班	回家	晚餐	休息	讀書
上班	回家	晚餐	休息	讀書

小方法論

- 在公司內部說明專案內容以及針對磋商的反思（主軸）
- 其他工作

二 Tue

時間：8　10　12　14　16　18　20　22　24

上班	書店	回家	晚餐	休息	讀書
上班	書店	回家	晚餐	休息	讀書

小方法論

- 工作
- 去書店找找看證照考試的參考書和說話技巧的書

三 Wed

時間：8　10　12　14　16　18　20　22　24

上班	回家	晚餐	休息	讀書
上班	回家	晚餐	休息	讀書

小方法論

- 與客戶的商談（主軸）
- 其他工作
- 讀書→把說話技巧的書看完

四 Thu

時間：8　10　12　14　16　18　20　22　24

上班	聚餐	回家	休息
上班	聚餐	回家	

小方法論

- 工作
- 和☆☆聚餐喝酒（問問關於職涯經歷等各種資訊）

→最想問的問題＝▽▽▽

- 稍微研究一下證照參考書

小理想

- 公司內部的專案說明順利完成，藉此成功與客戶磋商（工作）
- 審視自己未來的職涯方向→要繼續留下來，還是辭職？

小現況

- 公司內部的企劃進度匯報

→這已經該換工作了吧。缺乏和「眼前的人」一起工作的感覺，在這種環境下工作很辛苦。這是排在達成企劃目標和自身目標以前的問題→總之先全心全意做好目前的專案，同時也要為轉換跑道做準備

〈讀書心得〉
◎☆▽……

小現況

〈在網路上找到的轉行資訊〉
○◎☆…
→選項有A、B、C……

〈讀書心得〉
□▽□……

小現況

〈商量〉
對新公司抱有過高的期待是很危險的
→放棄但不放棄的態度剛剛好

〈讀書心得〉
☆□☆……
〈TV、YouTube等〉
◎×◎……

中現況

- 從公司內部的說明會和商談來看→我的能力還是不足。不可以因為自己的笨拙而給別人添麻煩→只能事先從各種角度徹底做好準備，以此為前提，反覆進行理論和實踐的反思。還有一件事，由自己主動親近對方的態度很重要
- 未來的職涯方向→總之決定先換工作（考證照）。之後會藉由人脈和筆記來增長知識。選項要盡量多一點。但是禁止過度期待。先想想自己原本到底想透過工作做什麼

週計畫表　商務版其之二（週五～週日）

中方法論

- 工作
- 利用零碎時間讀完一本證照參考書

五 Fri

8 10 12 14 16 18 20 22 24

上班	回家	晚餐	休息	讀書
上班	回家	晚餐	休息	讀書

小方法論

- 公司內部匯報企劃進度狀況（主軸）
- 其他工作
- 讀完一本證照參考書

六 Sat

8 10 12 14 16 18 20 22 24

休息	研究	跟家人外出&書店	休息（讀書等）
休息	研究	跟家人外出&書店	休息（讀書等）

小方法論

- 研究換工作的事→將今後的願景明確化
- 在書店翻閱幾本證照書

日 Sun

8 10 12 14 16 18 20 22 24

休息	研究	午餐	讀書（咖啡廳）	晚餐	休息	商量
休息	研究	午餐	讀書（咖啡廳）	晚餐	休息	商量

小方法論

- 與家人商量
- 讀書

MEMO

大方法論

- 工作
- 與朋友和家人商量，閱讀書籍來考量職涯規劃

2	3	4	5	中現況
9	10	11	12	中現況
16	17	18	19	中現況
23	24	25	26	中現況
30	31	1	2	中現況

大現況

- 決定今後的職涯方向是轉換工作跑道（考證照）

→試著報考下個月的考試，好掌握自己目前的處境。在那之前要大致準備一遍考試範圍，希望能夠做到綜觀全局→以一年後考到證照為目標

為了避免在下一份工作中遭遇同樣的失敗，除了要意識到理想的原因以外，還必須繼續蒐集資訊→辭掉那份工作的人的意見應該很有意義

〈書、電視、YouTube 等〉○○○……

下個月 →

月計畫表　商務版

大理想 →		中理想 →		
•工作不僅是賺錢的手段，也是讓自己活得更好的手段。不要因為工作挫敗自己的心靈，也別給家人添麻煩		•專案的成功 •思考今後的職業，決定未來方向 →是留在現在的公司，還是跳槽？ 另外，還要考慮如果留在現在的公司，在公司內部該如何行動；要是換了工作，又該選擇什麼？		
小理想 →	中方法論	29	30	1
小理想 →	中方法論	6	7	8
小理想 →	中方法論	13	14	15
小理想 →	中方法論	20	21	22
小理想 →	中方法論	27	28	29

MEMO

小理想	
小現況	
小現況	
小現況	
小現況	

週計畫表　其之一（週一～週四）

中方法論									
	8	10	12	14	16	18	20	22	24
一 Mon									
小方法論									
	8	10	12	14	16	18	20	22	24
二 Tue									
小方法論									
	8	10	12	14	16	18	20	22	24
三 Wed									
小方法論									
	8	10	12	14	16	18	20	22	24
四 Thu									
小方法論									

小理想	
小現況	
小現況	
小現況	
中現況	

週計畫表　其之二（週五～週日）

中方法論									
五 Fri	8	10	12	14	16	18	20	22	24
小方法論									
六 Sat	8	10	12	14	16	18	20	22	24
小方法論									
日 Sun	8	10	12	14	16	18	20	22	24
小方法論									
MEMO									

大方法論

2	3	4	5	中現況
9	10	11	12	中現況
16	17	18	19	中現況
23	24	25	26	中現況
30	31	1	2	中現況

大現況

下個月 →

月計畫表

大理想 →		中理想 →		
小理想 →	中方法論	29	30	1
小理想 →	中方法論	6	7	8
小理想 →	中方法論	13	14	15
小理想 →	中方法論	20	21	22
小理想 →	中方法論	27	28	29

MEMO

東大現役學霸的讀書計畫制定法

設定目標、擬定策略、確定方法、規劃時程，
學會東大式的正確用功法

2021年6月1日初版第一刷發行

作　　者　相生昌悟
譯　　者　劉宸瑀、高詹燦
編　　輯　邱千容
美術設計　竇元玉
發 行 人　南部裕
發 行 所　台灣東販股份有限公司
＜網址＞http://www.tohan.com.tw
法律顧問　蕭雄淋律師
香港發行　萬里機構出版有限公司
＜地址＞香港北角英皇道499號北角工業大廈20樓
＜電話＞（852）2564-7511
＜傳真＞（852）2565-5539
＜電郵＞info@wanlibk.com
＜網址＞http://www.wanlibk.com
http://www.facebook.com/wanlibk
香港經銷　香港聯合書刊物流有限公司
＜地址＞香港荃灣德士古道220-248號
荃灣工業中心16樓
＜電話＞（852）2150-2100
＜傳真＞（852）2407-3062
＜電郵＞info@suplogistics.com.hk
＜網址＞http://www.suplogistics.com.hk